防衛庁内局から敵視された自衛官の回顧録

柿谷勲夫

展転社

はじめに

私は令和三年一月、八十年余の人生の纏めとして、著書『英霊に感謝し日本人の誇りを取り戻そう』（私家版）を発表しました。

ところが、未だ生存中の令和四年二月、ロシアのウクライナ侵略を目の当たりにし、黙ってはおられず、同年十月十四日、次の内容の著書『皆で守ろう、我らの祖国』（展転社）を出版しました。

《ロシアの侵攻を受けたウクライナでは、徴集兵が活躍している。しかし、日本には軍隊も兵役の義務もなく、外国から侵略を受けた場合に対応できない。国を守るためには、東京裁判史観の眠りから目覚め、真の主権国家にならなければならない》

拙著発表の二か月後の十二月十六日、政府は閣議で「安保三文書」を決定しました。しかし、作成に携わったメンバーが兵役未経験の集まりだったため、自衛隊を軍隊、自衛官を軍人として位置付けるという根本事項に触れていません。

占領軍から主権を奪われた時期に押し付けられた『占領憲法』に一字一句も手を付けず『平和憲法』と崇め、国民から兵役の義務をなくして八十年近く、多くの国民、特に〝有識者〟に兵役経験者が存在しなくなってしまいました。

それ故、広く国民に軍事や兵役とは何かを理解して頂くため、恥を顧みず防衛大学校以来の私の体験を述べることにしました。

私の防衛大学校入校以降の勤務した部隊、機関とその期間、所在地は以下の通りです。

①防衛大学校・学生（四年）（横須賀市）
②陸上自衛隊幹部候補生学校・幹部候補生（一年）（久留米市）
③防衛大学校・研修生（一年）（横須賀市）
④大阪大学・大学院生（二年）（大阪市）
大学院修了後と陸上自衛隊少年工科学校着任の間に結婚しました。
⑤陸上自衛隊少年工科学校・教官・区隊長（三年四カ月）（横須賀市）
⑥陸上自衛隊武器学校・教官（二年）（茨城県稲敷郡阿見町、但し駐屯地名は土浦）
⑦陸上自衛隊幹部学校・指揮幕僚課程学生（一年八カ月）（東京都）
⑧第七師団司令部武器課総括班長（一年四カ月）（千歳市）
⑨陸上幕僚監部武器課・訓練班（一年）（東京都）
⑩陸上幕僚監部第三部（改編後、防衛部防衛課）編成班（二年八カ月）（同右）
⑪第五武器隊長兼ねて第五師団司令部武器課長（一年四カ月）（帯広市）
⑫陸上幕僚監部防衛部研究課研究班装備係長（二年）（東京都）

⑬陸上自衛隊幹部学校・幹部高級課程学生（八カ月）（同右）
⑭陸上自衛隊幹部学校・戦略教官室・教官（一年）（同右）
⑮陸上自衛隊東北方面総監部装備部装備課長（二年四カ月）（仙台市）
⑯陸上幕僚監部教育訓練部訓練課教範・教養班長（二年）（東京都）
⑰陸上自衛隊西部方面武器隊長（二年）（佐賀県神埼郡三田川町）
⑱防衛大学校・教授（三年）（横須賀市）
⑲陸上自衛隊武器学校・副校長（一年四カ月）（阿見町、土浦駐屯地）

勤務した部隊、機関は通算十九、結婚後は十五。同一部隊での引越しは、少年工科学校時代三回、第七師団時代一回、同一官舎からの異動は三回。夫婦で十六戸の家屋に居住、結婚が昭和四十一年、定年は平成五年、同一家屋での居住は平均一年数カ月でした。

目次

装幀　古村奈々＋Zapping Studio

第一編　現役時代

第一章　防衛大学校・学生

第一節　防衛大学校（本科）

（一）防衛大学校（防大）は昭和二十七年八月、保安隊（陸上自衛隊の前身）、警備隊（海上自衛隊の前身）の幹部養成のため、横須賀市久里浜に保安大学校として設立され、二十八年四月、第一期生が入校、二十九年七月防衛大学校と改称、陸上、海上、航空自衛隊の幹部自衛官となるべき者を養成する学校となりました。

経済白書に「もはや戦後ではない」と書かれたのが昭和三十年、一期生が入校した時は未だ「戦後」でした。以来七十年が経過、令和六年の入校生は第七十二期生、陸軍士官学校（陸士）の最後の期（第六十一期）を十期も上回りました。

卒業生は約三万九千人（令和五年三月現在）、そのほぼ半数が現役の自衛官です。幹部自衛官の三人に一人は防大卒、一佐以上の高級将校となれば大半は防大の同窓生です。

私が陸上幕僚監部の幕僚として最初に勤務した時は三等陸佐、班長以上は陸士、海軍兵学校（海兵）、軍歴のある一般大学の出身者でしたが、三十年ほど前から最高司令部たる陸、海、空幕僚監部の所属員は、上から下まで防大出身です。高級幹部が特定の学校の同窓生で占められている組織は、中小の同族会社は別として一般企業では見当たりません。自衛隊という大組織が同族会社のようです。防大出身者が多過ぎるとの批判がでるのは当然です。が、だからと言って、防大を抜きにして自衛隊を語ることはできません。

更に付言すれば、自衛隊はある時期までは実戦経験のある旧軍人に鍛えられた〝弟子〟でしたが、ある時期から〝弟子〟は全て退官し、最高幹部ですら〝弟子〟から教育を受けた〝孫弟子〟となり、世界では珍しい〝軍事集団〟となっています。

（二）保安大学校を創ったのは吉田茂です。吉田は「『この学校は昔の陸軍士官学校と海軍兵学校を一つにしたもので、本来ならば当然軍人が校長であるが、今回は軍人でなく、しかも民間から選びたい』と決意、校長の推薦を小泉信三慶應義塾塾長に依頼、小泉氏は槇智雄氏を推薦しました」（慶應義塾雑誌「塾」昭和四十二年六月参照）。

私の入校から卒業まで、校長は槇先生でした。槇先生は〝職業軍人〟ではありませんでしたが、一年志願として仙台の工兵隊に入営、英国の上流階級が進むオックスフォード大学にも学ばれました。オックスフォード大学とは、ケンブリッジ大学と並んで有事の際、軍を志願する伝統ある学校です。

英国など欧米諸国は「ノーブレス・オブリージュ」つまり「高貴な身分の者はそれに伴う義務がある」が原則で、槇先生は愛国心の強い人で、学生に数々の名訓示を残しておられます。保安大学校（防大）一期生の入校任命式の訓示の大事な部分を紹介します。

《学生諸君にお話致します。本日諸君をむかえましたことは、事実上の本大学校の発足であり、我々一同は心よりの喜びを禁じ得ないのであります。この大学校が将来有能にして忠誠なる多くの人材を輩出して、輝かしい歴史を作るものと確信いたしますが、もしこの様な想像が、許されるならば、本日の入校任命式は真に意義深いものでありまして、今日の機会に遭遇したお互いの幸運をよろこばずにはいられないのであります。

……

我々はその生を享けたこの国とその民族に無限の愛着と誇りをもつものであります。わが祖先はここに住み且つ励み、我々に多くの遺産を残してくれたのであります。その伝統、文化、勤勉、不屈の魂と数えれば限りなく挙げることができましょう。長い間には何れの国にも消長があり、興隆衰退のあることは免れません。併しその興るや必ずそこには理由があり、又衰うるやその原因も必ずあるのであります。我々は最近誠に悲惨な多くの労苦を重ねて参りました。併しすべての希望を失い、その誇りを捨てるには余りにも強い自負の心の残るを如何ともなし難いのであります。我々は心を新たにし国の

興隆する原因を探求してひたすらこの途に励みたいのであります》（「槇校長講話集」防衛大学校より）

槇先生は、右の訓示を具現して、「偽るな」「欺くな」「盗むな」「船を捨てるな」「持ち場を捨てるな」「心に後れをとっていないか、腕に力は抜けていないか」などを挙げました。槇先生の訓示は主権が回復した昭和二十七年四月二十八日から一年も過ぎていない、非常に貧しい時期でしたが、将来に大きい希望がありました。

（三）吉田の学校長に「今回は軍人でなく、しかも民間から選びたい」に反し、一度も軍人も防大出身者も校長に就任したことがありません。これでは「士官学校」でなく一般大学です。

その顕著な現象は、前々校長（第八代）・五百旗頭真氏、前校長（第九代）・国分良成氏時代に、防大開校以来の前代未聞の不祥事が続きました。すなわち、前々校長から前校長時代に発生した防大生がケガをしていないのにケガをしたとウソをつき、傷害保険金を不正に受給し、多数の懲戒退校処分を出しました。

防大初期の学生から見れば傷害保険金詐取は論外です。このような不祥事が起きる最大の原因は、校長の資質にあると思われます。資質の一つである両氏の歴史観、靖國観を紹介します。

●五百旗頭氏は小泉純一郎首相の靖國神社参拝を痛切に批判し、かつ、親中派の福田康夫元首相らの参列の下行われた、平成二十二年度防大開校記念祭観閲式の式辞の中で次のように述べました。

《二十世紀前半の日本は、「富国強兵」の「強兵」を肥大化させ、一九三〇年代には戦争にふけって、わが国の両側に位置する二つの巨人、中国とアメリカの両方に対して戦を仕かけ、ついに昭和二十年に滅亡しました》

「戦争にふけって」と述べましたが、「ふけって」とは「放蕩にふける」とか「酒食にふける」などに使うもので、自国の先人の行為を貶めるもので、先人の行為をこのように貶める士官学校長は世界を見渡しても五百旗頭氏だけでしょう。

「両方に対して戦を仕かけ」と述べましたが、昭和十二年七月十日付大阪朝日新聞は、支那事変の発端となった盧溝橋事件について「天聲人語」で「もと〳〵わが方から仕かけたことでなく、また仕かけるいはれもない小競り合ひだ」と述べています。五百旗頭氏の訓示を聞いて最も喜んでいるのはロシア、中国、北朝鮮などです。

「昭和二十年に滅亡しました」と言いましたが、槇先生の言われるように「長い間には何れの国にも消長があり、興隆衰退のあることは免れません」、「わが国は万世一系の天子様を戴く、世界に冠たる誇りある国家」です。「滅亡しました」とはとんでもない言いぐさです。

このような五百旗頭氏を、宮内庁は天皇陛下の相談役である「宮内庁参与」にしました。愕き以外の何ものでもありません。

●国分氏は、小泉首相が平成十三年、靖國神社に参拝した直後の八月二十一日付朝日新聞夕刊で、「靖国参拝で悪化　日韓・日中関係」との見出しを掲げて、次のように述べていました。

《三年前の金大中大統領訪日は、日韓の歴史問題の溝を埋めることで大成功を収めた。……ところが今年に入り、教科書問題と小泉首相の靖国神社参拝問題により、特に韓国との関係が崩れている。……参拝を断念すれば、韓国では一挙に関係が好転する可能性があった。……短期的な国内政治しか視野にない政府の行動は、政治的に苦しい金大統領をさらに窮地に追いやった。日本は「恩」を「仇」で返している。……

中国は今回の靖国問題に対してもかなり抑制した対応である。中国の希望通り八月十五日の参拝を外し、「侵略」を認めた首相談話を発表したことに安堵したからだろう。ただ「対日弱腰」の反発が指導部内にも世論にも強く、政府はこれを抑えるのに苦慮している。日本に対する堪忍袋にも限界があろう》

このような歴史観や靖國観の持ち主を防大校長にしたから、前代未聞の不祥事が起きたのです。

第二節　入校

（一）私は昭和三十三年防大に入校しました。入校任命式は四月八日ですが、着校は三月下旬、理由は入校式には内外の要人が参列、新入生に対して士官候補生として最低限の基本動作を身に付けさせるためです。

防大まで父が同行、着校前夜は横須賀市内の旅館に宿泊、旅館には同期生となると思われる若者が大勢宿泊していました。

着校当日の朝、バスに乗車、当初海岸（馬堀海岸）沿いを走り、ほどなく右折して山を登り頂上の台地（小原台）にある防大に着きました。小原台から一望すると空も海も真っ青でした。

自衛隊は、憲法違反、税金泥棒などと罵倒が激しい中、近い将来軍隊になると信じていました。が、希望と不安が交差し複雑な心境でもありました。

バスを降りてきょろきょろしていますと、一人の防大生が近づいて来て「柿谷君か」と言いました。「そうです」と応えますと、

「〝私《わたし》〟は、君の世話をすることになっている、第二大隊第四中隊第一小隊、第三学年、

航空要員の古川学生と言い、君の相談相手になる学生で『対番学生』という、今後何でも相談して欲しい」、私は「よろしくお願いします」と言いました。〝私《わたし》〟との表現に驚きました。何故なら、「貴様と俺とは同期の桜」にあるように「俺」とか「自分」と言わなかったからです。

古川学生は「それでは、最初は身体検査のため医務室に案内する」と言って、医務室に向かって歩き始めました。やがて道路の左側に大な建物が五つ見えてきました。

古川学生は「これらの建物を学生舎という、こちらから向かって一大隊、二大隊、三大隊、四大隊、五大隊、各大隊の一階が一中隊、二階が二中隊、三階が三中隊、四階が四中隊、正面に向かって左側が一小隊、右側が二小隊、私も君も二番目の建物の四階の左側の小隊、つまり第二大隊第四中隊第一小隊、略して第二四一小隊所属である。但し二学年に進級時、陸、海、空の専攻によって大隊が変わり、事後卒業まで変わらない」と簡潔に説明して下さいました。

医務室に到着、検査の重点はテーベ（結核）と性病、テーベはエックス線検査、性病は医官（旧軍の軍医殿）の前で下半身裸体、医官が男子の一物を手に取って絞ったり、引っ張りし異常の有無を検査し「異常なし」と言いますと、横にいた若い看護婦さんが検査表にチェックしていました。この検査のことを「M検」と言い、二次試験で経験済みで、在校間ありました。現在このような検査を実施すれば大問題になるでしょう。それにしても若い女性が数百人のM検に立ち会うとは大変だろうと思いました。

一個大隊に学生浴場は一つ、一学年から四学年まで短時間に四百人が入浴します。テーベと性病は許されません。

身体検査が終わり学生舎の第二四一小隊に行き、制服、戦闘服（当時、作業服と呼称）、下着、靴などが支給され、早速、作業服に着がえました。

古川学生は「屋上に行って話そうか」と言い、屋上に行きますと、眼下は東京湾の出入り口で狭くなっています。

「ここを走水と言う。日本武尊が東征の折、『走って渡れる』と言ったからこの名がついた。が、途中嵐となり、海神の怒りを鎮めるため、日本武尊の妃である弟橘姫が海中に身を沈めると嵐が収まった。近くに同姫がお祀りされている神社、『走水神社』があり、祭りの際、神輿は海から上がって来る」と説明しました。

ペリーが来航した「下田」などの説明も聞いた後、大食堂に向かいました。

「大食堂」は二千人以上が収容できる大きな建物で、新入生に同行してきた家族も一緒に会食しました。父がどの辺にいたか分かりませんでした。

食事は通常当直幹部が学生隊週番に「食事始め」と指示します。指示を受けた学生隊週番の「食事始め」大きい号令で全学生が「戴きます」と叫び開始されます。

会食が終わりますと次の「学生歌」の合唱です。

《一、海青し太平の洋《なだ》　緑濃し小原《おばら》の丘辺《おかべ》　学舎《まなびや》は光耀《ひかりかが》よひ
真理《まこと》の道の故郷《ふるさと》　丈夫《ますらお》は呼び交ひ集ひ　朝《あした》に忠誠《まこと》を誓ひ
夕《ゆうべ》に祖国を思ふ　礎ここに築かん　新たなる日の本のため
二、そびえたつ若人の城　みはるかす人の巷は　風荒み乱れ雲飛び
ゆくてに波さかまくも　丈夫は理想も高く　朝《あした》に勇智を磨き
夕《ゆうべ》に平和を祈る　礎ここに築かん　新たなる日の本のため》

「学生歌」の作詞は一期生の田崎英之学生、作曲は須磨洋朔自衛隊中央音楽隊長です。田崎さんの名前は永遠に残るでしょう。何故なら、学生歌は現役だけでなく、ＯＢの同期生会の最期のしめが「海青し…」だからです。

ちなみに、「学生歌」は「学生歌」であって、「校歌」ではありません。槇先生は「校歌」は「急いで作るものではなく、長いあいだにできるもの」と言われ、学生歌となったと学生時代聞いたことがあります。

食事が終わり第二四一小隊の学生舎に戻りますと、会食を終えた父が現れ「それでは帰るぞ」言います。防大到着後父の顔を見るのは初めてです。父は室長に「宜しくお願

いします」と言いますと、室長は「分かりました、お任せください、ご安心下さい」と応じました。父は石川県に戻って行きました。

学生舎には、学生用の寝室と自習室からなる八人部屋があり、寝室は二段ベッド、私の入校時、一学年の部屋には四学年学生の室長がおり、私たちの室長は熊本県立済々黌高校出身の吉川学生です。

当時の日課は、私の記憶によれば当時、〇六〇〇起床、〇六一〇日朝点呼、〇七〇〇朝食、〇八〇〇国旗掲揚、一二〇〇昼食、一七〇〇国旗降下、一九〇〇自習開始、二〇二〇自習中休み、二〇三〇後段自習はじめ、二一三〇自習終わり、二一四〇日夕点呼、二一五五消灯五分前、二二〇〇消灯、勉強したい学生は二三〇〇まで集会室で延灯ができました。

さて、吉川学生を中心に一学年学生の自己紹介があり、消灯五分前のマイク放送、二二〇〇、哀愁のこもった消灯ラッパ、今頃、父や母、妹、弟は何をしているだろうかと頭の中をよぎり、なかなか寝付かれません。うつらうつらしている時間が長く、ようやく寝付いたころ、けたたましく起床ラッパが鳴り響き、週番学生の「起床、起床、第〇号室窓を開けろ」「上半身裸体」とのどら声が鳴り響き、急いで寝具(毛布五枚とシーツ二枚)を整頓し、玄関に向かって走ります。玄関入口付近に立っている週番学生が「入口付近で、でれでれするな」との大声、ちなみに寝具の整頓が良くないと、週番学生によって、毛布もシーツも床の上に叩き落とされています。

「上半身裸体」は寒風摩擦のためです。女子学生の入校後はどうなったのか、私は女子学生の入校直前に防大教授から武器学校副校長に転勤になりましたので知りません。

小隊には小隊指導官、中隊には中隊指導官、大隊には大隊指導官が配置、私の小隊指導官は海軍兵学校（海兵）出身の二等海尉、中隊指導官は陸軍士官学校（陸士）出身の三等空佐、大隊指導官は海兵出身の二等海佐でした。

入校前に行われた教育は、主として四学年学生による、「敬礼」「気を付け」「休め」「整列休め」「行進」など基本動作、ベッドの作り方、入浴前の衣服のたたみ方などです。

（二）四月八日、入校任命式が行われました。槇先生の次の使命観に関する訓示は今でも忘れられません。

《諸君の志への誠実は、諸君の使命への誠実をも意味すると述べました。この使命はいうまでもなく、わが国防衛のことであります。それは郷土の防衛でありましょう。何となれば郷土の防衛は、非常に多くのことをわれわれに意味するからであります。この郷土はわれわれの祖先が住んだ処であり、またわれわれの子孫の住む処であります。われわれは長い歴史、独特の文化と伝統を誇っておりますが、これが更に育成されて栄え行かねばならぬ未来の土地でもあります。喜びと悲しみ、希望と失望の交叉して来た過去、しかも正義と人道がいよいよ興らねばならぬ土地でもあります。しかもこの土地の民族は一つであり、その社会及び国家にも分割のない一つのものであって、その統一を長い間続けて来ているのであります。また自ら選ぶ政府を有し、その郷土の独立と平和と秩序を維持して来ました。かくも恵まれた国は、世界広しといえども決して多くはなく、むしろ無慈悲できびしい生活にあえぐ民族や社会、国家が世界の各地に散在することは、諸君承知のとおりであります。しかしかかるわが郷土の幸福もその独立と平和と秩序が確保されているが故に続けることができるのであって、このような幸福の獲得が、またその維持確保が、いかに多くの血と努力を要するものなるかは、歴史の物語る処であり、また今日の世界の現実が示している処であります。一度失うた国家の独立と民族の自由は容易のことでもどるものではありません。防衛の任務の貴く、かつ重いというのは、かくの如き事情に発するものと考えております》

(三)防大生には階級がありません。幹部自衛官には敬礼、陸、海、空曹とは相互に敬礼、学生間では下級生は上級生に敬礼します。上下級生の識別は、制服では腕に付けた桜マークの数、四学年は三個、三学年は二個、二学年は一個、一学年は桜マークなしです。名札の上部に色が付いた横枠があり、四学年は赤、三学年は黄、二学年は緑、一学年は色なしです。

【閑話休題】

旧軍は、陸軍と海軍では大きく違いました。

陸軍士官学校（陸士）は時期によって若干異なりますが、平時である昭和の初期、たとえば、伊藤忠の会長だった瀬島龍三氏は昭和三年三月幼年学校を卒業して四月陸軍士官学校予科（第四十四期）に入校、入校者は陸軍幼年学校と中学出身者、幼年学校生徒は同校の選抜試験の合格者ですから無試験、中学からは選抜試験の合格者。

瀬島氏は昭和五年三月二十五日予科を卒業、同日士官候補生として六カ月の連隊付勤務（階級は最初は上等兵、二カ月で伍長、四カ月で軍曹）を経て同年十月一日、士官学校本科に入校、一年九カ月教育を受けて昭和七年七月十一日卒業、約三カ月の見習士官を経て同年十月二十五日陸軍少尉に任官、正八位に叙せられています。

一方、海軍兵学校（海兵）は全員が中学出身、海兵の入校と同時に准士官、つまり階級は海軍少尉と下士官の最高位海軍兵曹長の間で、入校当日兵曹長以下が生徒に敬礼しました。

この違いは、陸軍は将校になる前に下士官、兵を経験させるドイツ式、海軍は士官の卵も貴族扱いのイギリス式でした。

吉田は「この学校は昔の陸軍士官学校と海軍兵学校を一つにしたもので、本来ならば当然軍人が校長であるが、今回は軍人でなく、しかも民間から選びたい」と述べた理由の一つに初代校長に旧陸軍将校、旧海軍士官のいずれを選んでも問題がある、槇先生は旧陸軍の経験、留学は英国だったからでは?、と思ったりします。

現校長は十代目となりますが、軍人（自衛官）や防大出身者が校長に就任しないとは夢にも思わなかったでしょう。

また吉田は、靖國神社には講和条約が締結されますと、条約の発効前に参拝しました。首相の参拝を批判する五百旗頭氏、参拝を批判していた国分氏を校長に任命、何と見ているでしょうか。

一方、槇先生は五百旗頭、国分両校長の姿勢に一言の異議も唱えない「教え子」たる防大出身の高級幹部をどのように見ておられるでしょうか。

話を戻します。横須賀市民は防大生の制服を見れば学年を判別できますが、横須賀以外の市民は上級生も新入生も区別ができません。新入生の士官候補生らしくない歩く姿を見れば、防大生を「だらしない」と見るでしょう。そのようなこともあってか、約一カ月間、「防大生」らしくなるため鍛えます。

(四) 着校一カ月後、初めて外出が許されました。上級生による引率外出です。「メッチェンは誰でもシャンに見えるから気を付けろ」（女性は全て美人に見える、という意味です）と冷やかす上級生もいました。

驚いたのは、厚化粧の日本女性が米軍水兵にぶら下がって歩いていました。彼女たちは「パンパン」と言われていました。「パンパン」とは「（原語不祥）第二次大戦後の日本で、街娼・売春婦のことを指した」（広辞苑）です。

防大から眼下を眺めれば、東京湾にはアメリカの空母や大型巡洋艦がひっきりなしに航行していました。当時、横須賀を母港とするアメリカの第七艦隊の保有トン数は、海上自衛隊の十倍前後だったと思います。

アメリカの水兵にぶら下がる日本女性を見て、戦争に負けるとはこういうことか。戦争には敗けてはいけないと心に誓いました。当時のアメリカの最下級の水兵の月給が防大指導官の一尉や三佐の月給よりも高額だったのです。

反面、自衛隊では駐屯地や基地内では階級に関係なく自由に利用できますが、米軍では将校と下士官兵は厳しく区分されています。防大生が米軍基地の売店に米軍の下士官と一緒に立ち入り、米軍から抗議が来たから立ち入らないようにと学生食堂で食事中、マイク放送がありました。

第三節　来校者

当時、自衛隊は憲法違反、税金泥棒などと罵る者がいる反面、防大に期待する人も少なくなく、講演や激励のため訪れる人もありました。また、学校当局も励ましのため民間映画『ああ、江田島』などの上演もしてくれました。

中でも、私が防大に入校直後の昭和三十三年のある日、生涯忘れることができない人が来校しました。

（一）辻政信衆院議員

その一人が元大本営参謀の辻政信衆院議員です。

「辻議員の講演がある。希望者は各人椅子を携行して体育館に集合」との放送がありました。当時の防大には大講堂がなく、学生全員が入れる場所は体育館だけでした。体育館は満員になりました。

辻議員は、ノモンハン事件、支那事変、南方作戦などについて述べ、東條英機首相のこと、戦場における指揮官の心得など熱心に話しました。話術が巧みで学生は身を乗り出して拝聴していました。最後に「戦争に敗け、多くのものを失い、諸君たちに迷惑をかけて申し訳ない」と陳謝した上で、「○○や××は、腐りはしない。日本精神さえ腐らなければ、いつでも取り返すことが出きる。どうか諸君、日本精神を忘れないで、頑張ってもらいたい」と結びました。〇〇や××明確に記憶していますが、本著ではあえて記述しません。読者の想像に任せます。

それまで、静粛に聴いていた学生から大歓声と拍手が体育館に響きわたりました。私も掌が痛くなるほど拍手しました。あれから六十数年、日本人からすっかり日本精神が失われ、〇〇や××を取り返すどころか、北方領土を含め千島列島は日ソ中立条約を侵犯して奪っていったロシアに占領されたまま、竹島は韓国に占領されたまま、中国から脅かされ、首相は靖國神社を参拝せず、尖閣諸島周辺の領海を侵犯され、北朝鮮から核・ミサイルで脅かされ、やりたい放題やられています。日本精神はなくなってしまいました。

辻参謀は石川県江沼郡東谷奥村今立という山村に生まれました。現在は合併して私の出身地と同じ加賀市です。私の郷里では、「辻政信」は立身出世の代表的な存在で、信奉者も少なくなく、息子に「政信」と名付けた人がいたと聞いたことがあります。

辻参謀は東谷奥村立荒谷小学校尋常科を首席で卒業しましたが、「炭焼きの息子」ですから中学には進学できませんでした。高等科も近くになく、山中町立小学校高等科に進み、もっぱら往復五里ほどの山道を走って通ったと言われています。卒業成績は二番でした。本当は一番でしたが、「炭焼きの息子」の首席に対する反発から二番にされたと子供の頃、叔母（父の妹）から聞いたことがあります。当時、中学校などの上級学校に進学できるのは恵まれた家庭の子供に限られ、学資の要らない学校には、陸軍幼年学校と師範学校がありました。

幼年学校には中学二年の修了者と高等科の卒業生が受験でき、辻少年は名古屋陸軍幼年学校を受験しました。高等科からの合格者は極めてまれで、辻少年は不合格となり奉公に行きましたが、欠員が出て補欠で入校しました。が、頭脳明晰で努力家、恩賜（優等生）で卒業、陸軍士官学校（三十六期）も恩賜、陸軍大学校（四十三期）も一回で合格、恩賜でした。

敗戦と同時に戦犯容疑者として「お尋ね者」になりましたが潜伏、昭和二十五年、追放解除となると、突然現われ著書『潜行三千里』を出版、石川県中を講演、私の町の小学校にも来ました。小学生だった私も聴きに行きました。小学校の講堂は溢れんばかりの満員で、話術が巧みで幾度となく拍手と歓声が響き渡りました。

昭和二十七年、衆院選挙に立候補して当選、昭和三十四年参院（全国区）に転じ三位で当選しました。最近遺族に託した新しい資料を加味した『潜行三千里』（完全版）が発行され人気を呼んでいます。

【閑話休題】

私が防大入校前年の昭和三十二年十二月十四日、防大ダンス同好会（あかしあ会）が東京ステーションホテルでダンスパーティを開きました。この会場に突然、辻政信衆院議員が「竹下いるか」と現れました。

「竹下」とは、防大における自衛官の最高位・「防大幹事」の元陸軍中佐の竹下正彦陸将補（後、陸将）です。敗戦時の陸軍省軍務局軍務課員で、陸軍大臣阿南惟幾陸軍大将の義弟、ポツダム宣言受諾に反対し、阿南大臣の割腹にも立ち会ったとされる、辻氏同様「歴史上の人物」です。

その様子を竹下氏が「槙乃實 槙智雄先生追想集」で次のように述べています。

《それについて思いおこされるのは辻政信さんとのダンス事件である。三十二年の十二月十四日、ちょうど義士の打ち入りの日と重なったのも奇縁であるが、ダンス同好会で、今年は年末のあかしあ会を東京都内に進出して盛大に行なうということになり、東京ステーションホテルを会場として催したことがあった。当日は元皇族の令嬢をも含め、立派なパートナーも多数参加し、きわめて礼儀正しき、模範的にして盛大なダンスの夕べになったのである。その会には、槇校長ご夫妻はもとより、私も家内同伴で参会していたが、会酣なる頃、果然辻政信代議士が現われ、私を呼び出して、「防大生がダンス会を開くとは何事ぞ、君が括然としてそれを許し、この会に参加しているとは何事ぞ」と詰問し、私が、「防大生がクラブ活動としてダンスパーティをもつことを悪いとは思わない」と返答するや、興奮の末、いずれ国会の問題としてとり上げ、議場で当否を決着しようといって引き上げたのである。そして翌年三月七日、内閣委員会に槇校長を呼び出し、辻代議士との間にダンスについての意見の応酬があってケリとなった事件である》

防大校長が国会に参考人招致されたのは、後にも先にもこの一回きりです。

本事件は「防大生、東京のど真ん中で半裸の女性とダンス」と騒がれました。が、ダンスをする防大生は少数派で、私も防大生時代、防大生のダンスには大反対でした。辻政信氏の弟の御子息（防大十期）から最近戴いた手紙で「『ダンス糾弾事件』では多分伯父は、クラブ活動としてダンスをやることは問題ないが、今そういうことをやっている暇がないだろう、防人としてまず先にやらねばならないことが一杯あるだろうという気持だったろうと思います」と述べておられます。

（二）有馬稲子の来校と大江健三郎の嫉妬

入校して間もなくの六月頃、女優の有馬稲子さんが防大を訪れました。

自衛隊は「税金泥棒」呼ばわりされ、インテリーと称する人から見放された存在でした。「税金泥棒」の牙城・防大に美人で才媛の誉れの高い、インテリー女優の有馬さんが訪れるとは信じられませんでした。が、本当に来校し驚きました。彼女は校内をくまなく見学、学校当局へのインタビュー、学生との懇談、写真撮影などを行いました。

同期生の卒業アルバムには、若くて美しい有馬さんの写真が二枚も載っています。ちなみに、当時の防大には数多くの人が訪れましたが、有馬さん以外の来校者の写真は見当たりません。

学生は授業が始まる前、学生舎の前に整列し、行進して教場に向います。課業行進といいます。整列中のわが班の前に有馬さんが現われました。案内して来た日頃強面の教官もこの時はニコニコ顔、有馬さんが班長に何事か言って、一緒に写真に収まりました。班長は一週間交代で鹿児島県出身、パネルにもなりました。有馬さんと並んで写真に収まった同期生に対し、「お前は運が良かったなぁ」と今でも言います。

●防大生と有馬さんが懇談している写真と記事がある新聞に載りました。これを見て嫉妬したのが、作家の大江健三郎です。昭和三十三年六月二十五日付毎日新聞夕刊のコラムで「女優と防衛大生」とのタイトルで次のように述べました。

《数日まえの新聞に、有馬稲子と彼女をとりまいている防衛大生の写真をふくむ小さい記事がのっていた。彼女は防衛大生にきわめて好意をもち、彼らについて考えなおしたと語っていたものだった。

彼女が、日本の再軍備について賛成なのなら、ぼくはいうべき言葉をもたない。しかし、彼女に会ってたしかめたところでは、彼女が防衛大生に対して好意的な言葉を発表した事実は絶対にないそうである。

あの写真入りの記事が、たとえば農村の青年にあたえる影響について考えれば、問題はたんに新聞記者のコマーシャリズム意識の是非だけにとどまらない。あの記事を書いた記者は、他人の名において政治的責任のある行為をおこなったのである。

日本の現実を、あらゆる日本人の生活を、じりじりひたしていこうとしている〝静かな再軍備〟に抵抗するためには、ぼくらはもっと注意ぶかく発言し、報道しなければならないだろう。どんなに小さなふるまいも政治的な次元にくみこまれると、無限に拡大される危険をはらんでいるのだ。

ここで十分に政治的な立場を意識してこれをいうのだが、ぼくは防衛大学生をぼくらの世代の若い日本人の一つの弱み、一つの恥辱だと思っている。そして、ぼくは、防衛大学の志願者がすっかりなくなる方向へ働きかけたいと考えている。（大江健三郎）》

「防大生を恥辱」など、当時は自衛隊をどれだけ誹謗しても問題にならない時代でした。大江もそのへんを百も承知の罵詈雑言でした。また「農村の青年……」の表現も、農家の青年を数段下に置く「上から目線」の発言です。

大江の働きかけにもかかわらず、防大も自衛隊も発展し、阪神・淡路大震災、東日本大震災、各地の風水害、「中国コロナ」事件にも活躍しました。大江は自衛隊のお蔭で、自由と平和を満喫して執筆に専念、ノーベル文学賞を受賞しました。大江からも毎日新聞からも「防大生侮辱発言」に対する謝罪はなく、当時、左翼系の大新聞からも「人権蹂躙」などとの批判はありませんでした。

●大江の防大生侮辱発言から五十年近くたった平成十七年、有馬氏は産経新聞（八月十二日付）の「戦後60年」で次のように述べました。

《三十年代。ラジオ番組で防衛大学をルポした際には、こんなエピソードもある。夕方にラッパの吹奏で国旗が降ろされ、学生が直立・敬礼するのを見て、戦争中に朝鮮の海軍基地で目にした風景と重なり、「純粋な若者たちが心の中まで画一的にならないだろうか」と番組を締めくくった。

ところが、新聞に「有馬稲子が防大ファンに」という記事が載り、東大の学生作家だった大江健三郎さんに何かのコラムで批判されたのだ。向こう見ずを顧みず、私はご本人に直接会って間違いを指摘し、彼はコラムを書き直してくれた》

私も同期生と一緒に「純粋な若者たちが心の中まで画一的にならないだろうか」を聞きました。同期生は一様に「防大生をバカにしている」と憤慨した記憶がよみがえりました。産経新聞は有馬氏に対して大江の「防大生恥辱」発言に対する見解を訊くべきでした。

第四節　校友会（軍事史研究部）

（一）防大には校友会活動があり、部活動があり、大活躍していました。たとえば、陸上部は箱根駅伝に二回（昭和三十六年、三十八年）出場しています。参議院議長の尾辻秀久氏（第七期生）も選手として箱根路を走っています。

尾辻氏の父君は先の大戦で戦死され、ご英霊は靖國神社にお祀りされています。箱根路を走られた後、防大を中退して東大に進学し東大を中退、防大と東大で、文武を学ばれた政治家、〝世襲議員〟でなく、ご英霊のご子息、内閣総理大臣に適した議員ではないでしょうか。

私が入校した当時は運動部だけで、文化部は認められていませんでした。

私は中学時代長距離が得意で、郡大会出場に当たり壮行会で、選手を代表して挨拶しました。高校時代は運動部に入らず、時事問題研究部に属し三年生の時、同部のチーフとして部誌・『優曇華《うどんげ》』の編集に携わりました。「優曇華」とは三千年に一度咲く、想像上の植物です。

（二）防大では文化部がなかったため、空手部に入りましたが、仲間と同好会・『戦史同好会』を創りました。しかし、部活動の傍らに行う同好会ですから活動に制約を受けます。学校当局に文化活動も部として認めるよう「しっこく要望」、その結果、二学年進級時、学校は文化部の設置を認め、同じ第三大隊有志で『軍事史研究部』を創りました。

第三大隊有志とは片岡広之君、石井睦寛君らで、片岡君はグァム島で玉砕された片岡一郎大佐・連隊長のご子息、石井君の父君も戦死されています。

防大では二学年進級時、陸、海、空自衛隊に進む要員と専攻が決まります。私は陸上要員、機械工学専攻となり、これに連動して大隊が代わり、私は第三大隊所属となり、事後卒業まで第三大隊でした。

防大の入校資格は、保安大学校以来、上限を二歳上、但し自衛官であれば上限は四歳です。理由は当時、わが国は貧しく能力があっても大学に進学できず警察予備隊に入隊した人にチャンスを与える。もう一つは、二十一歳未満の時点で、防衛大学校入校の意思がなかったが、二十一歳を過ぎて生じた場合、二十三歳未満だと、自衛官になれば入校できるよう配慮したのでしょう。

片岡君のケースは後者で、二十一歳になった以降、防大入校の意思が生じ、新隊員になり防大を受験した人です。現役で入校した学生よりも四歳年長、現役で入校した二期生と同じ年齢でした。

片岡家は名家で御尊祖父様も陸軍将校でした。日曜日は神田の古書店に行き、数冊の古書を紐で縛って帰って来る姿は今でも目に浮かんできます。一緒に横須賀市内で食事すれば概ね支払ってくれました。

片岡君が四学年の時、片岡君と同年齢の二期生が小隊指導官として着任、その内の一人が「片岡は戦史に詳しいので、彼と戦史の論争をしても勝てない」と言っていました。

戦史の授業で次のようなことがありました。

教官（二佐）の講義は、グァム島作戦における指揮官、つまり片岡大佐が採用した戦法の批判から始まりました。片岡君は猛然として教官に反論、教官と片岡学生の応酬で授業時間を全て費やし、時間が来てしまいました。一週間後の授業の初めに教官が片岡君に対して「先週は失礼した。片岡連隊長のご子息だとは知らなかった」と言って謝罪しました。

片岡君は幹部候補生学校を卒業し、三等陸尉の時、京都大学の文科系の大学院を希望しましたが、防衛庁は認めず退官しました。ちなみに、自衛官の大学院受験は、本人の希望ではなく、受験大学、専攻も全て防衛庁の命令で、私たちの頃の防大は全て理科系、「大学院工学研究科」でした。

片岡君が退官して三〜四年ほど音信不通でしたが、私が二等陸尉の陸上自衛隊少年工科学校教官の時、突然電話があり「自分の勉強したい場所はイギリスにあった。ロンドン大学に入学することになった。イギリスには飛行機でなく、シベリア鉄道で行く、列車からシベリアの地形を見ながら行く」と告げられました。彼の意志の強さに感服しました。

右の電話から七、八年後、私が陸上幕僚監部（陸幕）の三佐時代、彼が訪ねてきました。ロンドンから帰国し「陸上自衛隊に復帰を申し出ると『君の同期は三佐又は一尉だから一尉で採用する』との回答だったので辞退した」と言いました。

ところが、彼の論文を見た防大校長の猪木正道氏が防大助教授（自衛官ではなく防衛庁教官）に推薦、陸上防衛学教室の助教授に就任しました。が、私が防大教授に就任する直前に防衛庁を退官、その後、間もなく他界しました。

一方、石井君は後述しますが、機械工学の成績がトップ、陸上自衛隊幹部学校の指揮幕僚課程（以下ＣＧＳと記述、旧軍の陸大相当）の選抜試験を受験、一次試験（筆記試験）は優秀な成績で一回目に合格しましたが、二次試験（口頭試験）は不合格、原因は試験官と対立したのが原因とか、翌年の二次試験には学校長が立ち会い合格、ＣＧＳで私と同期になり、喜んでいましたが、病にかかり一尉で他界しました。

私が陸幕勤務の時、自衛隊中央病院に入院中の石井君を見舞いました。彼はやつれた姿で「このような姿を同期生に見せたくない。見舞いに来ないよう伝えてくれ」と言いました。同期が佐官クラスで活躍していた頃、夫人が同期生会に参加して「主人が生きておれば、皆さんのように活躍できたのに」としみじみ言われました。

自衛隊は、片岡君、石井君という惜しい人材を早く失いました。現在健在ならば、「憲法に自衛隊明記とはとんでもない」と怒ったでしょう。二人の親友を失った私は、両君の遺志を継いで駄文を書いています。

(三) 私に関して言えば、「軍事史研究部」に所属したため得た貴重なものにチャーチルの「第二次大戦回顧録」(二十四巻)の購入があります。

同著は昭和二十四年(小学五年)から三十年(高校二年)にかけて、毎日新聞社から発行されたもので、一巻から八巻までが三百五十円(各巻)、九巻から二十四巻(同)までが四百円、合計九千二百円、当時の学生手当の二カ月強に相当し、高価な本でした。学年時代すでに絶版で、神田の古書店でも見当たりませんでした。

それで思い切って毎日新聞社に「私は国家防衛を志している防大生です。在庫に余裕があれば、是非譲って頂けませんか。必ず将来国家のために役立てます」(要旨)とのはがき(往復はがき)を出しました。

返事がきました「防大に毎日新聞を配達している者に伝えましたので、その人と調整して下さい」（要旨）とありました。日を待たず、新聞販売店の人が来られまして「もうけを半分ずつにしましょう」と言われ、八千二百円で購入しました。購入費が手元にある筈がなく、厚生資金の借り入れと父からの送金を充てました。

チャーチルは元海軍軍人で第一次大戦中は海軍大臣でもありました。早くからヒトラーの野望を見破り、政府に警告を発していました。内容の充実した名著です。今も大切に保管し、事あるごとに愛読しています。

わが国では、首相や大臣を退いた後、まともな回顧録を書いた政治家は見当たりません。理由は中国やロシアや北朝鮮の軍事的脅威など、国家の事よりも己の権力の獲得を最優先しているからではないでしょうか。

（四）ある日、国防史の研究発表会が防衛研修所（現、防衛研究所）であり、防大の「軍事史研究部」も参加しました。発表会には旧軍の将官の姿もありました。石井君は私に小さい声で「あの方は荒木閣下、あの方は今村閣下」と教えてくれました。

荒木閣下とは、陸相、文相を歴任した荒木貞夫大将、今村閣下とは、大東亜戦争の劈頭、第十六軍司令官として蘭領印度（蘭印）を攻略した今村均大将です。

休憩時間となり、資料の配布をしました。正面に向って最前列、最右翼に坐ってかられる今村大将に無造作に片手でお渡ししますと、大将は坐ったままではありましたが、慈父の眼差しで私を見つめられ、恭しくお辞儀をされ、両手で受け取られました。吃驚して最敬礼、片手で渡した不明を深く恥じ、今村大将の人徳に改めて感動しました。

今村大将は安保条約締結直後の昭和三十五年七月から十二月にかけて著書『今村大将回想録（全四巻）』（第一巻「檻の中の獏」、第二巻「皇族と下士官」、第三巻「大激戦」、第四巻「戦い終る」）（自由アジア社）を出版され、当時「防大生に与える書」と紹介した週刊誌がありました。私も購入し、現在も大事に保管、愛読しています。

【閑話休題】

陸軍大将とお話しができた生存者は少ないでしょう。私は数少ない一人で光栄だと思っています。「大将」が偉い理由の一つに、陸軍大臣は大将又は中将をもって充てるとあり、東條英機元首相は中将で陸軍大臣になりました。そういう意味では大将が大臣より偉かったのです。

東條陸相はその後、内閣総理大臣になりました。その時点では軍の内規で年限的に大将昇進の資格がありませんでしたが、中将のまま総理とはいかず、特例で年限を短縮して同日付で大将に昇進させました。

東條大将は陸士十七期、今村大将は十九期、陸大は共に二十七期です。ということは、東條氏はなかなか陸大に合格しなかったことを意味します。なかなか合格しないため、勝子夫人から気合を入れられたという逸話があります。

陸大の成績も今村大将は首席、今村大将と陸士同期の本間雅晴中将は恩賜（優等生）、東條大将は、首席どころか恩賜でもありませんでした。陸大に遅れて合格し、首席でも恩賜でもなかった東條氏が中将で陸軍大臣、首相となりました。人生とは不思議なものです。

第五節　訓練

（一）防大が一般大学と最大の違いは〝軍事訓練〟です。

私の学生時代、一学年は陸、海、空の区分はありませんから、全員が陸上自衛隊駐屯地、海上自衛隊基地、航空自衛隊基地の研修、地上の戦闘訓練、乗艦実習、グライダー訓練など、年間六週間の訓練がありました。そのため、夏季休暇は一般大学の半分、前期の試験が終わった後も一般大学のように休みはありません。

二学年以上を例に挙げれば、陸上要員は富士演習場での戦闘訓練です。宿泊施設は旧陸軍の建物で一人に与えられる場所は畳一枚を若干大きくしたもの、便所は汲み取り、お釣りがきました。別に不潔だとは思いませんでした。

(二) 学生時代多くの指導官から薫陶を受けました。

特に印象に残っている指導官は、学生から「桑江さん」と呼ばれた大隊指導官の桑江良逢二等陸佐です。

桑江さんは、沖縄県首里市出身で沖縄一中から広島陸軍幼年学校を経て、昭和十六年八月、陸軍士官学校(五十五期)を卒業、満洲東部国境警備部隊に勤務され、昭和十九年二月、内南洋メレヨン島部隊の中隊長、終戦時陸軍大尉でした。

●メレヨン島は本国から補給が途絶え、南海の孤島となり、自給自足に追い込まれ、畑を作り食べた野菜の種を撒き野菜を栽培したり、手りゅう弾で魚を捕ったり、その際、誤って爆発し手から落ちた人肉を見て食べたら美味いだろうと感じたことなど生々しい体験談を聞きました。

●口癖の話に「浜までは海女も蓑着る時雨かな」がありました。

海女さんは浜に行けば晴れていようが雨であろうが海に入る。だから雨が降っておれば蓑を着る必要がないと思うであろうが、濱までは蓑を着て体を大事にする。

軍人は戦になれば命を懸けて戦うが、そのためには健康でなければならないから体を大事にしなければならない。

●桑江さんは大隊指導官から中部方面総監部の人事班長に異動、単身赴任でした。私は当時、大阪大学の大学院生で何回か官舎に行き話を伺いました。その中の一つに次のことがあります。

防大生の任官辞退が話題になります。しかし、私の学生時代は「任官辞退」はありませんでした。全員が任官して自衛官になり宣誓しました。が、幹部候補生学校に行かず、自衛官の制服を幹部候補生学校に送りつけてくる不心得者がいました。理由は卒業前に任官をしないと言えば、卒業証書をもらえないと思ったからでしょう。それ故、当時は誰が自衛隊に行くか、行かないか、幹部候補生学校に着校するか、しないかまでは教官も同期生も分かりませんでした。

桑江さんは四年間も生活を共にした同期生、数年間教えた教官に対し寂しい行為ではないか。同期生や教官に任官しない理由を説明しけじめをつけるべきである。学校も卒業証書を付与すべきであろう。との考えから槇校長に意見を具申、校長もこの意見を取り入れ、現在のようになりました。

第六節　四学年学生

普通の高校や大学では、特定のクラブに属しておれば学年間の上下関係は厳しいでしょう。が、防大では学年の上下は絶対です。

海軍兵学校の新入生に将来何になりたいかと問えば「連合艦隊司令長官と一号生徒（最上級生）」と答えたそうです。連合艦隊司令長官には同期生でもなれる者がいるとは限りませんが、一号生徒には、病死、退校処分等特段の事情がなければなれます。一号生徒は絶対で、憧れの的でした。

防大でも四学年学生は、新入生から見れば絶対、神様的存在です。四学年には、前期、中期、後期毎に交代する長期勤務学生（学生隊学生長、大隊学生長、中隊学生長、小隊学生長）と一週間毎に交代する週番学生がありました。

大隊週番と中隊週番は、大隊の週番室に居住します。忙しくなるのは土曜日の夜です。私が当直時の一例を述べます。

電話のベルがなりました。「はい、第三大隊当直です」と受けますと、女性の声で「第〇〇〇小隊第△学年の●さんをお願いします」、私は「あなたのお名前は」と聞きますと「あの、ちょっとです」との返事、私は「大事な学生をあの、ちょっとと言う方には取り次げません」と言いますと、名を名乗りましたので、「分かりました」と述べ、次のようにマイク放送しました。

「伝達する。第〇〇〇小隊、第△学年●学生、電話である、週番室に来い」。●学生は息を切らせて走って来て「●学生入ります」と言って入室して来ます。通話時間は三分と指導されています。

多分、デイトの約束をしたのでしょう。「[redacted]学生、かえります」と言って自室に戻って行きました。

第七節　外出

私の学生時代、一学年の外出は日曜、祭日、門限は二一三〇、「帰校遅延」（帰校時刻に遅れること）は「校長訓戒」、「校長訓戒」二回は「退校処分」です。二学年以上は学校が定めた日に月に一回、土曜午後から日曜にかけて外泊ができました。

外出は制服を私服に着替えれば「校長訓戒」、外出前に週番による「容儀点検」、ズボンのプレス、頭髪の点検、顔の髭、靴の手入れなどです。

（一）横須賀から日帰りできる学生は実家に行き休むことができますが、学生の多くは遠くても東京が限度です。

私は時々神田の古書店に行きましたが、通常は横須賀市内です。行先はまず、映画館で時代劇を観ました。旗本退屈男の市川右太衛門、遠山の金さんの片岡千恵蔵、むっつり右門の嵐寛壽郎、丹下左膳の大河内伝次郎、お姫様役の大川恵子のファンでした。

映画鑑賞後は昼食、京浜急行横須賀中央の平坂書房で軍事関係の本を購入、購入した本をクラシック喫茶（ウィーン）で読み、最後は成人に達した後は一杯飲み屋で日本酒二合を飲みました。

飲み屋では時々旧軍の将校と出会い、将校の心得を教えられ、「女将この防大生の飲み分は俺のツケにしておけ」と言われ、「ご馳走さま」と言い、ご馳走になったこともありました。

(二) 西部劇は一、二度観ただけです。西部劇の最後の場面は決闘です。相手に拳銃を先に抜かせ、後から抜けば、相手を殺害しても罪にならないやり方。これはわが国に真珠湾を攻撃させ、これを口実にわが国のほとんどの都市を無差別爆撃、最後は投下する必要のない原子爆弾を広島、長崎に投下、その責任は全てわが国にあり、〝東京裁判〟という裁判名目で、わが国の指導者を死刑にし、七年間も主権を奪い、この間に〝占領憲法〟を押し付け、未だにわが国には軍隊がありません。

(三) 外泊したのは三年間で二回(最初と卒業直前)だけ、理由は簡単、行くところがなかったからです。

第八節　日米安全保障条約の改定

三学年の時、生涯忘れることができない大事件が起きました。日米安保条約の改定です。左翼の連中は、日米同盟そのものに反対、学生などを扇動して、大反対運動を展開しました。

安保条約は昭和三十五年五月二十日未明、衆院本会議では自民党単独で可決されました。朝日新聞などのマスコミ、共産党、社会党などの野党が国民を扇動しました。国会周辺はデモで埋まりました。安保といえば反対、自衛隊といえば反対、全国のほとんどの大学で授業がストップ、まともに授業が行われていたのは極めて少数でした。

政府は防大生がデモに参加すれば、政府転覆に繋がりかねないと懸念したのでしょうか、「声なき声の支持がある」と言った岸信介首相は防大生を慰撫する必要があると考えたのでしょう。防衛庁長官ではなく、中曾根康弘科学技術庁長官を防大に派遣しました。若い方が良い、中曾根氏は閣僚の中で最も若く、かつ海軍主計少佐だったからでしょう。

会場は、学生全員が入れる体育館ではなく、五百人強しか収容できない中講堂、私たち第三大隊の学生が中講堂に集められました。他の大隊の学生は、校内同時放送で聴いたものと思います。中曾根氏は颯爽として登場しました。容姿端麗、これが「青年将校・中曾根か」と思いました。

被っていた帽子を片手で無造作に校長に差し出し、校長は両手で恭しく受け取りました。このような行為は、登壇する前にお付きの副官にすること、学生の前で俺は校長よりも偉いのだと、誇示するためにやったとすれば小人です。いずれにしろ中曾根氏の行為は礼を失している、と反発を覚えました。
●中曾根氏は、次のように学生に訴えました。
★自分はかつて海軍少佐だった。国家防衛を志し、日夜勉学、訓練に励んでいる諸君たちの気持ちが良く分かる、敬意を表する。
★強行採決をしたため、世の中は騒然としている。これは大手術後、所定の場所にない臓器が、間もなく元の位置に戻るのと同じで、混乱が静まるのは時間の問題である。
★日米安保条約は、わが国の平和と独立を守るために必要であり、戦後を脱却して発展するために不可欠である。
★諸君たちの校長・槇先生の出身校である慶応義塾の創設者・福沢諭吉は、幕府と薩長の銃声の中、講義を続けた。世の中の騒動に惑わされず、勉学と訓練に励んでもらいたい。
★海軍兵学校（海兵）出身の士官は、吉川英治の「宮本武蔵」を読んでいた。諸君たちはもっと学問的価値のある書物を読んでもらいたい。（この件を二回述べた）
★訪米した折、アメリカ軍の将校に「諸君たちが、政府の行為に納得できず、反対する場合はどうするか」と質問すると、「その場合は、軍服を脱いで行う。つまり退役してから行う」との回答が返ってきた。諸君たちが、政府の行動に反対する場合は、退校してからやるべきだ。

最後に「何か質問があるか」と問いかけました。私は三学年であるので遠慮しましたが、数人の学生が質問しました。中曾根氏は「今の質問は、野党の諸君の質問よりも本質を突いている」と持ち上げましたが、わざとらしさを感じました。

中曾根氏は学生の雰囲気を目の当たりにして安堵、「防大生は大丈夫」と岸首相に報告したことでしょう。

●海兵出身の指導官が多数いる中、海兵出身者を非難するともとれる発言に違和感を覚えました。海兵出身の士官が「宮本武蔵」を愛読したとすれば、その理由は武蔵の生き方に共鳴したものと思います。

帝國海軍では、艦の指揮権は兵科士官（海兵出身の士官）にしかありませんでした。中佐の艦長が戦死した場合、艦内に機関科や中曾根氏のような主計科の少佐がいても、兵科士官の大尉、中尉、少尉が指揮を執りました。兵科士官たる艦長は艦船危急時、退去を命ずる責任を有している、すなわち、艦とともに大勢の部下の命を預かるが故、武蔵の死生観に共鳴したものと思われます。

半面、帝國海軍は大学出身者を優遇しました。中曾根氏は短期現役海軍士官教育制度（短現）出身です。「短現」については、前川清元陸将補（防大第一期）が平成七年七月三十日付産経新聞に詳述しています。それによれば、大学などの卒業生を約五カ月間教育し、海軍中尉（高専卒は少尉）に任じました。

短期間の軍人教育で中尉に任官した主計科士官の中曾根氏には、兵科士官の気持ちが理解できなかったのではないでしょうか。ちなみに、帝國陸軍では、兵科に関係なく階級の上位、同階級であれば先任者が部隊の指揮を執りました。

中曾根氏は、防大生の雰囲気に接し、防大生は大丈夫と感じたと思います。

●世の騒然は収まらず、六月十日、アイゼンハワー大統領訪日の打ち合わせのために来日した秘書のハガチー氏が、出迎えたマッカーサー駐日大使とともに羽田空港出口でデモ隊に阻止され、海兵隊ヘリで脱出、十五日には、東大の女子学生がデモの最中、死亡しました。

このような中、来日した大統領を防大生が羽田空港に出迎えるとの噂が広がりました。事実であれば、「ゼンガクレン」との衝突は必至でした。「ゼンガクレン」を徹底的に痛めつけてやるつもりでしたが、大統領の訪日は中止となりました。

安保は六月十九日、自然成立しました。その時、私たちの中隊は、防大に連接する帝國海軍の砲台跡地で野営をしていました。万一、学生がデモに参加するのを防止するために、教官の手元に引き止めておいたのでしょう。

●安保があれば、今にも戦争に巻き込まれるかのごとく、国民を扇動したマスコミ、共産党や社会党などの野党から謝罪の言葉はありません。デモに参加して暴れまわった学生の多くは、その後、官僚や大企業の指導的地位を占め、勲章をもらい、祝日に国旗も掲げない人も少なくなく、豊かな年金生活を送っていることでしょう。

当時、大学に進学できるのは恵まれた家庭の子女でした。私の通った中学校は十万石の城下町、石川県では市街地に属しておりましたが、それでも卒業生二百三十四人中、高等学校に進学したのは百人、半数にも届きませんでした。国立大学に進学できる能力がありながら、高校にすら進めなかった人もいました。高校の同級生は約三百五十人でしたが、大学に進学したのは三十～五十人くらいです。

このように六〇年安保当時の大学生は本当に恵まれていました。その家庭の〝ぼんぼん〟が、自衛隊は憲法違反、自衛官を税金泥棒と罵り、大学の進学を断念して警察官になって機動隊に配属された同年代の若者に哲学なき、デモを繰り返していました。

●中曾根氏は二十二年後の昭和五十七年、「戦後政治の総決算」を掲げて内閣総理大臣に就任、大変期待しましたが、加藤紘一氏を防衛庁長官に任命したことに失望しました。

加藤氏は安保騒動時東大の二年生、父は自民党の安保特別委員会の委員でしたが、騒動に参加し「安保反対」「自衛隊反対」と叫んでいました。卒業後は何食わぬ顔をして外務省に入省、政治家に転身する際、共産党や社会党からかと思えば、ちゃっかり父の後を継いで自民党から立候補したのです。

中曾根科学技術庁長官の訓示を聞いた当時の防大生は現役の自衛官、当時三学年学生だった私も一等陸佐でした。このような中、安保、自衛隊反対を唱えていた加藤氏を我々のボスの防衛庁長官にしたのです。加藤氏は自衛官に対して、安保騒動に参加していた非行を釈明することなく長官に就任しました。

加藤氏が長官時代、私は陸幕訓練課の教範・教養班長でした。その際の「悪行」について後で詳しく述べます。

第九節　行軍参拝

（一）私が防大生時代、自衛隊勤務時代、生涯を通し最も忘れることができないのは、防大から靖國神社まで行軍して参拝したことです。

私たち十二名の学生は六十三年前の昭和三十六年十二月、靖國神社まで行軍して同神社に参拝しました。当時の防大生の外泊はすでに述べましたように、二学年以上の学生が月一度、学校が定めた土曜の午後から日曜にかけてでした。

私の所属する第三大隊第四中隊第一小隊（第三四一小隊）などの四学年学生十一名が、大東亜戦争開戦二十年を記念して、開戦日に最も近い土曜から日曜にかけて靖國神社まで行軍して参拝することを決めました。これを聞きつけた一人の第三学年学生が「私も仲間に入れて下さい」との申し出があって了解、彼に「防大から靖國神社までの行進計画を作成してくれ」と言いますと、小休止地点や大休止地点を定めた立派な計画書を作ってくれました。

（二）この参拝の詳細について、靖國神社社務所が発行する社報『靖國』（令和三年十一月号）に掲載されました私の論説「御親拝の実現と防大生の行軍参拝の継続を」を転載します。

《数十年前から十一月下旬又は十二月初旬の日曜日の早朝、靖國神社の境内で三〜五百名の防衛大学校学生の集団を見掛けます（但し、服装は、当初は終始「戦闘服」、ある時期から行軍は民生品の「体操服」、到着後は帰校用に借り切ったバスで運搬した「制服」）。

彼等は靖國神社に参拝するため、前日の午後、防大（神奈川県横須賀市）を出発、約七十五キロメートルを夜間行軍して到着したもので、本行軍参拝は六十年前の昭和三十六年以来、毎年欠かさず行われており、今年も実施されれば六十一回目となります。防大の卒業生は年に四百数十名。それ故、卒業生は在校期間平均して一人一回参拝した勘定になり、自衛隊の幹部自衛官の三人に一人、高級幹部の大半は行軍参拝の経験者です。

本報『靖國』以外で防大生の行軍参拝を報じる出版物はほとんどありません。それ故、国民の大多数はこの事実を知りません。

防大生参拝の動機

朝日新聞は閣僚の参拝について「日本が過去への反省を忘れ、戦前の歴史を正当化しようとしていると受け取られても仕方あるまい。靖国神社には、先の戦争を指導し、東京裁判で責任を問われたA級戦犯14人が合祀されてもいる」（令和三年八月十七日付「社説」）などと批判しました。

が、戦争とは国策の衝突の結果起きる者で、正義が勝って不正義が敗けるのではなく、強い方が勝って弱い方が敗けるのです。大東亜戦争の目的は自存自衛と大東亜の新秩序の建設でした。自存自衛は達成できませんでしたが、アジア諸国は欧米の植民地から解放され独立、大東亜の新秩序の建設は達成しました。敗けたが故に勝者がわが国に主権がない占領下、〝東京裁判〟で戦争の全責任を押し付け、国の指導者に〝戦犯〟の烙印を押しました。

国家は兵隊さんに「戦死すれば靖國神社に祀られ、天皇陛下からも拝んで戴ける」と約束しました。首相以下大臣が靖國神社に参拝するのは約束の順守で、朝日新聞の主張は国に対し、反論できない英霊との約束を破れとの極めて理不尽な要求です。

戦死と災害死や通常の公務死との根本的違いは、戦死は戦時下に国の命令によって身の危険を顧みず任務を遂行中、貴い一命を捧げたことにあります。それ故、どこの国でも、戦死者に感謝と敬意を表するため国家元首以下が、戦死者が埋葬されている施設に参拝します。

わが国は戦争には敗けましたが、昭和二十年八月十八日に東久邇宮稔彦王・首相が御参拝、十一月に昭和天皇が御親拝、十月と十一月に幣原喜重郎首相が参拝、その後は占領軍の指示で参拝できませんでした。

しかし、昭和二十六年にサンフランシスコ平和条約が調印されますと、条約発効前に吉田茂首相が参拝、発効後は昭和天皇の御親拝、吉田、岸信介、池田勇人首相の参拝が続いていました。

御親拝、首相の参拝が続く中、私たち第三大隊第四中隊第一小隊を中心とする学生十二名から防大生も英霊に感謝すべきだとの声が湧き上がりました。当時、二学年以上の外泊日は学校が定めた月に一度でした。昭和三十六年は大東亜戦争開戦二十年であり、開戦日に最も近い外泊日に士官候補生らしく靖國神社まで夜間行軍して参拝することを決めました。

外泊には許可が必要です。外泊の目的は英霊に感謝、服装等は戦闘服（当時「作業服」と呼称）に銃携行（英霊に「捧《ささ》げ銃《つつ》」するため）、移動は往路徒歩、復路国電とする申請書を提出しました。が、なかなか許可が下りません。

当時、自衛隊は「税金泥棒」などと言われましたが、自衛官が銃を携行して演習場などへの往復に公共の交通機関の利用や市中行軍は当たり前、自衛隊記念日の観閲式も自衛隊の駐屯地でなく明治神宮外苑の絵画館前、まして陛下が御親拝され、内閣総理大臣が参拝する靖國神社に防大生が参拝しても問題がある筈がありません。

にもかかわらず、許可が下りない理由は、銃を携行して戦闘服で真夜中に行軍すればクーデターと誤解され、マスコミから叩かれる。疲労から帰路国電に乗車すれば、居眠りして銃が盗まれたり紛失したりすることを危惧したのでしょう。

再三にわたり要望する学生の熱意に大隊指導官・桑江良峰二佐、小隊指導官・中平進二一尉が同行することで許可されました。しかし、銃の携行が認められません。中平一尉にその理由を聞きますと、「君たちのような無鉄砲者は鉄砲なしだ」といなされました。

当日は、横浜で大休止した辺りから警察のパトカーに尾行されました。皇居で万歳三唱し、靖國神社に到着しますと、防大の大型トラックが駐車していました。行軍で疲労した学生を公共の交通機関に乗車させないための学校当局の配慮でした。

桑江二佐は私たちの卒業後、行軍参拝を継続され、年々参加者が増大、学校の年中行事として定着したのです。小泉純一郎首相の参拝に反対していた五百旗頭眞氏や同首相が参拝した直後、朝日新聞で参拝を批判した国分良成氏が防大校長時代にも、行軍参拝は続きました。

尚、桑江氏は首里出身、沖縄一中から広島陸軍幼年学校を経て、陸軍士官学校を卒業、陸軍大尉。陸上自衛隊では第一混成団長（那覇）などを歴任、陸将補。退官後、沖縄県議会議員を務められました。

御親拝、首相参拝は昭和まで

防大生が行軍参拝を始めた後も、目覚ましく発展していた昭和時代、昭和天皇は昭和四十年（戦後二十年）の「秋季例大祭」、昭和四十四年の「御創立百年記念大祭」、昭和五十年十一月に御親拝され、首相の参拝は〝A級戦犯〟合祀（昭和五十三年）後も続きました。

が、昭和六十年八月十五日、中曾根康弘首相が参拝しますと、敗戦後四十年、〝A級戦犯〟合祀後七年、何も言わなかった中国が突然、文句を言ってきました。中曾根氏は中国の内政干渉を甘受してその後の参拝を止め、御親拝は昭和五十年を最後に中断しています。

中曾根首相の参拝中止後、首相在任中に毎年参拝した首相は小泉純一郎氏だけ、申し訳程度に参拝した首相も宮澤喜一、橋本龍太郎、安倍晋三各首相の三氏だけです。

●宮澤首相は天皇御訪中直後の平成四年十一月、公用車を使わず私人の資格で参拝。総理に登りつめながらの〝こっそり参拝〟に戦死した学友に申し訳ないと思ったことでしょう。

●橋本首相は平成八年、自身の誕生日の七月二十九日に参拝しましたが、中国の抗議を受けるとその後の参拝を断念しました。その一方、平成九年九月訪中した際、天安門広場の「人民英雄記念碑」に献花し最敬礼しました。中国に恫喝の効果を確信させました。

●安倍首相は就任前に「中国に抗議されてやめるのか。極めて非常識な反日的行為に屈する形でやめるべきではない」「一国のリーダーは、国のために戦った人たちに祈りをささげる義務がある」と述べていましたが、首相としての参拝は平成二十五年の一回きりでした。

「昨日の敵は今日の友」、アメリカ国民は戦後〝A級戦犯〟合祀後も含め高級将校、同夫人、民間人ら多数が昇殿参拝しています。

先般、東京オリンピックのため来日したバイデン大統領夫人に、菅義偉首相が四月訪米した際におけるワシントン郊外のアーリントン国立墓地参拝の見返りとして、靖國神社参拝を期待しましたが、しませんでした。日米同盟の深化が叫ばれる中、残念に思いました。

しかし、頭を冷やして考えれば、日本の首相が参拝しない靖國神社に大統領夫人の参拝を期待する方が、虫がいい話です。

御親拝実現、行軍参拝の継続

私たちが行軍参拝した当時は、行軍参拝の継続や首相の不参拝などは全く考えていませんでした。

閣僚もかつては、ほぼ全員が参拝していましたが、逐次減少し、今回の自民党総裁選挙の立候補者で、閣僚時代、参拝したのは女性だけです。

このような嘆かわしい状態であるが故、防大生は今後とも毅然として参拝し、日本人の誇りと矜持を示してもらいたいと念願するものです。

最後にわが国を真の主権国家にするため総理に要望があります。御親拝の実現です。

（九月三十日記）
（三）参拝行軍について、靖國神社社務所が発行する社報『靖國』（令和六年二月号）は、「防衛大学校学生 靖國神社まで夜間行軍実施」との見出しで、次のように報じています。
《十二月九日の午後から翌朝にかけて、防衛大学校学生有志四九三名が、同大学校（神奈川県横須賀市）から靖國神社までの約七五キロメートルを夜間行軍した。

一行は夜を徹して行軍し、翌十日朝、靖國神社に到着した。その後、制服姿となり四班に分かれ本殿にて正式参拝、引き続き遊就館を拝観した。

この夜間行軍は、昭和三十六年に有志十二名が行なって以来、学生の自主的行事として毎年続けられており、本年で六十三回目となる》
（四）参拝行軍の参加者は、毎年三百～六百名です。卒業生数は、四百～五百名ですから、学生は在校間一回参拝する勘定になります。連続六十三回とは、実施回数は一カ月後に行われた「第百回東京箱根間往復大学駅伝競走」の六三％に当たります。

同年代の若者の行為を、駅伝はテレビ、新聞などマスコミが大々的に報じますから知らない国民はほとんどいません。が、既述しましたように、防大生の参拝行軍は毎年一月又は二月一日号に記載する『靖國』以外で報じる出版物はほとんどありませんから知っている国民はごく僅かです。

大臣の参拝を大騒ぎするわが国の政治家、マスコミなど左翼や中国など反日国家は、防大生の参拝を非難しません。一方、「保守派」は評価をせず沈黙しています。その理由は以下によると推測されます。

●わが国の左翼は、靖國神社に無関心であるが故、防大生の参拝を長期間にわたり把握せず、知った時点ではすでに非難する時機を逸していた。

●中国などは、日本の政治家を非難すれば、効き目があるが、防大という組織を非難すれば、「反撃」に遭い利がないと思い、見て見ぬ振りをしている。

●歴代防衛大臣を含め保守派は、自分たちが参拝しないから、防大生の参拝行軍を知っていながら無関心を装っている。参拝しない防衛大臣は良心が咎めないのでしょうか。

●昨年の八月十五日、岸田首相は靖國神社に参拝せず、千鳥ヶ淵戦没者墓苑を参拝しました。同墓苑には、無名戦士の遺骨、遺族に引き渡すことのできない遺骨が安置されています。この方たちを含め、国のために貴い一命を捧げられた戦士の御霊は靖國神社に還っています。当然、岸田首相は靖國神社に参拝すべきです。中国などの脅威を目前にして中国などの圧力に屈し、靖國神社に参拝しないで、最高司令官の資格があるのでしょうか。良心が咎めないのでしょうか。

●麻生太郎氏が総理の時、私が靖國神社に参拝後、千鳥ヶ淵墓苑を参拝しますと、麻生総理の墓苑参拝に出会いました。「麻生、靖國にも行け」とヤジが飛んでいました。今や靖國神社に参拝する大臣は高市早苗大臣など少数、情けない国に成り下がってしまいました。

第十節　畠山賞

日本機械学会は、私たち第六期生の卒業生から大学の機械工学科卒業と認め、首席に「畠山賞」（機械学会賞）を授与しています。元統合幕僚長（統幕長）の河野克俊氏は平成三十一年六月五日付産経新聞の「話の肖像画」で「畠山賞」を受章したと述べていました。

私は卒業直前、卒業研究の指導教官（講師）の研究室に赴き、「いよいよ卒業です。ご指導を賜り有り難うございました」と申しますと、先生は「柿谷君、残念でした。日本機械学会が各大学の機械工学科卒業生の首席に与えている『畠山賞』を今年から防大にも与えることになった。今日の教室会議（教授、助教授、講師で構成）で選考があり、五名が候補に上がり、その内の三名が第七班の君と向井啓君と石井睦寛君で、石井君に決まった」と言われました。

当時、防大には十六個班があり、全学科が「工学」でした。電気と機械が各五個班、一個班は約三十人ですから、機械工学専攻の学生は約百五十人、正直言って候補に上がったただけでもうれしく思いました。副賞は一万円（学生手当の二倍強、ちなみに学生手当は一学年から四学年まで同額）と「機械工学便覧」だったと記憶しています。

すでに述べましたが、石井君は私と同じ「軍事史研究部」、石井君は卒業して郷里の長崎に帰る夜行列車で、一万円の全てを同じ車両に乗車していた防大生に酒を振る舞ったと聞きました。CGSも同期で、将来の陸幕長の有力候補でしたが、一尉の時、病に侵され、亡くなりました。向井君は私と同県人で金沢の二水高等学校（旧金沢高等女学校）出身です。

第二章　陸上自衛隊幹部候補生学校・幹部候補生

第一節　幹部候補生学校とは

防衛大学校は、旧軍や外国の陸軍、海軍、空軍の士官学校、陸海空軍統合の士官学校に相当するといいます。が、防大と旧軍の陸軍士官学校や海軍兵学校との根本的違いは、陸士、海兵は卒業すれば少尉に任官しましたが、防大は卒業時点では幹部候補生・一曹（当時は一曹が下士官の最上位、その後曹長が新設され現在は曹長）で一年間、幹部候補生学校で教育を受けなければ三尉（旧軍の少尉）になれません。一般大学卒業生の幹部候補生試験合格者と同じ扱いです。

旧軍では陸士の生徒は「士官候補生」と呼称、一般大学を卒業して幹部候補生試験に合格した者を「幹部候補生」といいました。防大生は、学生時代は「士官候補生」と呼称され、防大を卒業すると「幹部候補生」です。現在は、「幹部」は「士官」以上を指しますが、旧陸軍では、「下士官」以上を「幹部」といいました。

それ故、私たちが防大生の頃、旧軍人から「士官候補生」を終えて「幹部候補生」では格下げだと言われたりしました。旧陸軍の幹部候補生は「甲幹」と「乙幹」に区分され、「甲幹」が入校する学校を「陸軍予備士官学校」といいました。陸士出身の士官は「現役」、一般大学出身の士官は「予備」と呼びました。

このようなことで、防大を「横須賀工科大学」とか「防衛幼稚園」とか揶揄する旧軍人がいました。私の同期生は、防大卒業後、一般大学出身の幹部候補生試験合格者と同じ陸、海、空の幹部候補生学校に入校し、同じ内容の教育を受けました。

ちなみに、旧陸軍では、陸軍大学校（陸大）に入校するのは全て陸士出身者でしたが、陸上自衛隊で陸大に相当するCGSには、防大出身の幹部自衛官だけでなく、一般大学出身や一般隊員から昇進した幹部自衛官も入校します。

第二節　職種（兵科）の決定

陸上自衛隊の幹部候補生は幹部候補生学校在校中、自衛隊時代の極めて大事な「職種」が決まります。「職種」とは旧軍の「兵科」に相当し、普通科（旧陸軍の歩兵相当、以下同じ）、特科（砲兵）、機甲科（戦車兵）、施設科（工兵）、通信科（通信兵）、武器科、需品科、輸送科、衛生科などです。普通科、特科、機甲科を戦闘職種、施設科、通信科を戦闘支援職種、武器科などは支援職種といい、将来トップの陸上幕僚長に就任するのは戦闘職種と戦闘支援職種です。

私の候補生の時は、防大や一般大出身の候補生は第一から第十までの十個の区隊に配置され、一区隊から五区隊までを第一候補生隊、六区隊から十区隊までを第二候補生隊、第一、第二候補生隊を合わせ学生隊といい、学生隊長は一佐、候補生隊長は二佐、区隊長は一尉又は二尉でした。

私は第二候補生隊第九区隊、候補生数は四十人弱、防大時代も高校時代も、運動部には属していませんでしたが、中学時代運動会で千五百メートルや八百メートル競走で優勝、長距離走を含め体力には自信がありました。

銃剣道も持久走も区隊で一番、第二候補生隊の柔剣道大会では二位となりました。銃剣道大会では、無作為に選んだ十名の中で総当たりし、その中の一番が決勝戦グループに出場、私は九戦全勝で決勝戦グループに選出、準決勝で防大柔剣道部の副将だったM候補生と対戦しました。M君は三段、私は無段、三本勝負で一対一となり、三本目は私の剣はM君の下胴に、M君の剣は私の上胴に、私は負けたと思いましたが、三人の審判が全員旗を私に上げました。

このようなこともあり、私は職種の希望を、普通科、特科、機甲科、武器科の順に書きました。理由は普通科、特科、機甲科は戦闘職種、武器科は後方職種の雄だと思ったからです。当然普通科に指定されると思っていましたが、区隊長から全般の態勢上、武器科に回ってくれないかと言われました。

久留米は軍都で、当時は自衛隊の用語よりも旧軍の用語が通用する時代でした。外出した際、占い師（手相見）に自分の兵科は何が適しているか占ってもらいました。占い師は私の手相を見て「私は自衛隊のことは分かりませんが、あなたは旧軍でいえば、参謀将校よりも技術将校に向いている」と言われ、区隊長に「第一志望は普通科ですが、お任せします」と返答しました。

武器科に回れと言われた理由は、大学院に行かすためかと思いましたが、ごく最近になり、同期生の一人から「君を普通科部隊に行かせば、部下を引き連れて何をしでかすかわからない、大学院に行かせ、技術将校にしておけば安全と思われたのかもしれない」と言われました。真かと思います……？

ただ、当時は六〇安保の直後、左翼による革命を心配する人がいました。卒業直前のある日、数名の同期生と教育部の教官の官舎にお世話になりましたと挨拶に行きますと、教官は襖を閉めて夫人やお子さんに聞こえない小声で「やるときは必ず俺に言え」と言われたことがありました。

第三節　教育内容

（一）防大と幹部候補生学校の教育内容の根本的違いは、防大の教育は「小隊長や中隊長をつくることではなく、高級部隊の指揮官、幕僚になった時に役立資質を養うこと」であり、幹部候補生学校の教育は「卒業すれば直ちに小隊や中隊を指揮しうる資質を養う」ことです。

このようなことから、教育は厳しい戦闘訓練が主体となります。幹部候補生学校の所在地が「久留米市前川原」ですから「二度と来るめい前川原」と言われました。

（二）候補生隊長田茂佐一・二佐は、陸軍士官学校五十五期、陸軍大尉、陸軍戸山学校出身、銃剣道五段の自衛隊で名の通った猛者でした。

毎週月曜日の一時間目は隊長の精神教育でした。最初の教育で「自分は君たちの顔と名前を全部知っている。信用できないなら手を挙げろ」と言いますと、多くの候補生が手を挙げました。直ちに指を指して名を当てました。驚きました。

田茂隊長は「軍人とは上官と部下は一体となり、命を懸けて敵に当たるのだ。部下の名が分からず、名と顔が一致しない上官はだめだ」と言われました。

精神教育の内容は実戦経験、「ある時、外地で現地人が自分を見て作り笑いした。このようにはなりたくないと思った。主権を失うとはこういうことなのだ」と言われたことが印象に残っています。現在の日本人はどうなのであろうか、と思います。

（三）卒業直前の訓練が「日出生台演習場」で行われました。この時、次のような事件がありました。

候補生隊で二つの部隊を編成して対抗演習が行われ、私を含め三人が敵陣地の偵察を命じられ、敵陣の後方に回りましたが、自分の位置が分からなくなってしまいました。模索していますと「状況終わり」（ある想定のもとでの訓練）の烽火が上がり、その場所に集合しなければなりませんが、自分たちのいる場所から離れています。大変な事態です。

その時、突然民間のライトバンが現れ、我々を見ると猛スピードで走り去って行きました。真夜中に自衛隊の演習場に何をしに来たのかと思い、彼らの来た方向に行きますと、人が倒れており、声をかけても応答がありません。体に触りますと冷たいです。三人で顔を合わせ「死んでいる」。ライトバンの乗員が殺した人を捨てたのです。彼らからすれば、真夜中の山中で人に遭遇するとは、想定外だったのです。

この事態を警察に知らせる必要があります。仲間の二人が演習場を出て民家を探し、電話を借り警察に知らせ、私が遺体の傍に残ることにしました。犯人たちが遺体を取り返しに来るかも知れません。私は遺体から若干離れ着剣（銃に銃剣を着け）して見張ることにしました。やがて、仲間が警察に連絡がつき、間もなく警察官が来て遺体を運んでいきました。

烽火が上がった場所に行きますと、区隊長から何をしていたかと気合を入れられる前に、機先を制し右の一連の行為を報告しますと「大変ご苦労だった、君たちが道に迷う筈がないと思っていた」と褒めてくれました。

この件については、後日談があります。殺害された親族の方が幹部候補生学校に饅頭を持って我々を訪ねて来られました。饅頭の数は三十六個、区隊員の数でした。

区隊長室に行き、区隊長に報告しますと、候補生隊の先任幹部（三佐）が「我々は民間人から物をもらっていけない。直ちに返してこい」と言いました。私は「一度戴いた物を返しては失礼です。感謝の意味で持って来られたのです。やましい物ではありません」と言い返し、「返せ」「返さない」の問答が続きました。

やり取りを隊長室で聞いた田茂隊長が、隊長室から出て来られ「それは戴くものだ。早く見付けてくれた感謝の気持ちの表れだ。返してはならない」と言われ決着しました。

第四節　任地の発表

陸自幹部候補生学校卒業直前、幹部候補生全員が講堂に集められ、一人一人の氏名が呼び上げられ、赴任する部隊と駐屯地が言い渡されました。が、私を含め六名は読み上げられませんでした。氏名を読み上げた教官が最後に「呼ばれなかった六人は通信学校付防大研修生を命ず」と言いました。研修生とは一般大学の大学院修士課程の受験が任務です。

第三章　防衛大学校・研修生

(一) 防大に着任しますと、陸幕第四部（現、装備部）の三佐が防大に来て六人に対して受験大学と専攻を伝達しました。同期六人の受験大学は東北大学大学院が二人（電気工学研究科、機械工学研究科）、京都大学大学院が一人（土木工学研究科）、大阪大学大学院が三人（電気工学研究科、精密機械学研究科、応用物理学研究科）で、私は「大阪大学大学院工学研究科修士課程精密機械学」でした。

(二) 入学試験は九月、試験は筆記試験と口頭試験でした。

口頭試験では次のような質疑応答がありました。

主任試験官が「外国語は何ができますか」

私は「英語が少々できます」と答えますと、試験官全員が笑いました。

主任試験官は「英語は日本語の次ぎ、できて当たり前、英語以外は何ができますか」

私は「防大では、第二外国語は中国語でしたので、中国語は少しできます」

と述べますと、試験官の大半が笑いました。

主任試験官は「中国語の科学技術論文はありません。入学までにドイツ語、フランス語の科学技術論文を読めるようにしておいて下さい」

私は「分かりました」と答えました。

試験合格後、翌年の三月の入学まで引き続き防大に勤務し、研究室のお手伝いをする傍ら、ドイツ語、フランス語の科学技術論文を読み漁りました。

第四章　大阪大学・大学院生

（一）防衛大学校は建学から長きにわたって、卒業しても授与されるのは「防大の卒業證書」だけで、「学士号」は授与されませんでした。が、東京大学を除く旧帝國大学、東京工大などは、防大卒を大卒と同等の能力があると認め、大学院の入学試験の受験を認めていました。

（二）私は昭和三十九年四月大阪大学の修士課程に三尉で入学し、四十一年三月「工学修士」の学位を得ました。この間、四十年七月二尉に昇任、同期生が部隊で訓練に励んでいる時期に三尉、二尉の俸給を戴き、授業料は防衛庁が文部省に払ってくれました。

大学院修了者は、他の同期生以上に国家、国民に恩返しをしなければなりません。が、大学院修了と同時又は自衛隊に短期間勤務した後、自衛隊を退官する者がいます。マスコミは、この実体を把握していないためか、防大卒業時、自衛隊に入隊しない者を「任官拒否」とか「任官辞退」と批判、非難しますが、本当に批判されるべきは大学院を修了して、部隊に復帰することなく退官する者です。

（三）私が大阪大学に在学したのはわずか二年間にすぎませんが、この時期は、わが国は高度成長期に入り、「東京オリンピック」も行われ、「東海道新幹線」も開通しました。半面、六〇安保と七〇安保のど真ん中、ベトナム戦争の最中、日韓基本条約の締結など、大学でも下宿でも全学連だけではなく、一般学生による「反自衛隊」の嵐が吹き捲っていました。

●登校しますと、校門には全学連の学生が「自衛隊反対」「自衛官の大学院入学反対」のビラを配っています。私が自衛官と百％知りながらビラを渡します。破り捨て険悪になったこともありました。

●学生食堂には「自衛官の大学院入学反対」と書いたビラが貼ってあり、ビラを見ながらの昼食でした。特定の組織に対する差別ですが、このような差別を非難したマスコミを見掛けたことがありません。

●夜一人で実験をしていますと、全学連所属の学生がやってきます。決して一人では来ません、衆を頼んで来ます。「柿谷さんは自衛隊に戻るとデモを鎮圧するのでしょう」と言います。「当然だ、どこに逃げても、君たちの顔を覚えておくよ」と言ってやりました。

●某国立大学の全学連の幹部だった大学院生がいました。この院生は、ソ連が日ソ中立条約を破ってわが国に侵攻してきた事実を知りませんでした。彼等はソ連や中華人民共和国のような共産国家にすることが夢であり、ソ連の悪い面は知ってか、知らずか、知らない振りをしていました。

●研究室の教授はベトナムで苦戦している米軍を見て、「自衛隊が二個師団を派遣すれば片が付くのではないか」と言われました。教授は熊本県出身の「九州男児」でした。

●反自衛隊運動が盛んなため、阪大修士課程の私たち同期三人（私、電気工学・河千田征幸、応用物理・長谷川高陽）は、博士課程に進めず、私と河千田君は少年工科学校に配置、長谷川君は自衛隊を退職しました。

第五章　陸上自衛隊少年工科学校

第一節　教官

（一）陸自少年工科学校とは、中学卒業生を三等陸士（三等兵）として採用し、陸曹（下士官）を養成する学校、ある時点から卒業すれば高校卒の資格が付与されています。高校の資格を得る前から大検で高卒の資格を得て防大を受験して合格、陸将になった人がいます。

ただし、この学校は現在、校名は陸自高等工科学校となり、「高機能化・システム化された装備品を運用する自衛官となるべき者を養成するための学校」となり、身分は入校時は自衛官ではなく、三学年卒業後、士長へ任命、卒業後、三曹に昇任する。

（二）河千田君と私は修士課程を修了し、昭和四十一年四月同校の教官を拝命しました。修士課程修了者の同校の教官は初めてでした。

同校には総務部、教育部、生徒隊があり、河千田と私は教育部所属、部長は一佐でした。

この年は、大学を卒業したばかりの教師（防衛庁教官、文官）もおり、全教官の前で紹介されました。

ところが、新卒の教官が我々二人より上座でした。私たち二人は彼らよりも四年早く大学を卒業しており、かつ旧帝大の工学修士です。このような扱いは自衛隊以外ではありえません。陸上自衛隊の学校で自衛官を低く扱う、ふざけた行為だと思いました。

私の正義感が許さず、校内の敷地内を歩いている教育部長に「お話があります」と言って空いている教室に誘導し「自衛隊の学校で、自衛官を低く扱わないで頂きたい」と抗議しました。部長は「悪かった」と言って謝罪しました。

第二節　区隊長

(一) 河千田君は全学連の自衛官大学院入学反対運動が激しく博士課程には進めませんでしたが、大阪大学は研究生として採用、博士を目指し、工学博士となりました。

修士課程に進まなかった同期生は、幹部候補生学校卒業後部隊に配置され、それぞれの職種学校の「幹部初級課程」(BOC＝必修課程)を終えて「幹部上級課程」(AOC＝同に入校、「指揮幕僚課程」(CGS＝旧軍の陸軍大学校相当)を目指しています。

(二) これらを見て私もCGSを目指すことにしました。つまり、「技術将校」から「参謀将校」への転身です。CGSの受験資格には三年の部隊勤務が必要です。教育部所属の教官は部隊勤務ではありませんが、生徒隊所属の区隊長（一般高校の担任相当）は部隊勤務扱いです。上司に区隊長を熱望、区隊長になりました。

（三）当時途中退校する生徒がいました。理由は、夏季休暇や年末年始の休暇に帰省し、高校に進学した中学時代の同級生に会うと大学進学の話になります。

中学時代彼らより成績が上だった生徒の中には、将来に不安、不満を持ち、普通の高校に進学して大学を目指す中退者が出ました。

これに接した生徒隊長（一佐）が区隊長、教育部の教官を会議室に集め、次のように気合を入れました。

「本校は、給料が支給され、授業料はタダ、卒業すれば高校の卒業資格ももらえる。こんな良い学校はない。中退が出るのは教官の教育が悪いからである」

私はハイと手を挙げ「生徒隊長のお子さんは高校ですか、中学ですか」と質しますと、生徒隊長は「高校生だ」と言われましたので、私は「本校がそんなにいい学校なら何故、お子さんを本校に入れなかったのですか」と言いました。私の発言中、上司の課長（二佐）や班長（三佐）が私の制服の袖を引っ張り、発言を中止させようとしましたが、発言を続けました。

生徒隊長は「君の言うとおりだ、この話は打ち切りだ」と言って、会議は終りました。

私は生徒隊長をヤッツケタと意気揚々として引き揚げますと、総務部の人事班長（三佐）に呼びとめられ「君の先の態度はなんだ、あのような態度では自衛隊では生きていかれないぞ」と指導されました。

第三節　幹部上級課程入校

（一）私は昭和四十三年三月、陸上自衛隊武器学校のＡＯＣに入校しました。幹部学校のＣＧＳや幹部高級課程（以下、ＡＧＳ）は、現在の所属部隊や機関から転勤して幹部学校所属となりますが、職種学校のＡＯＣは現在所属している部隊や機関に籍を置いたまま入校します。私の場合は少年工科学校の所属です。入校者は防大卒、一般大卒、隊員出身でバラバラでしたが、私が入校した期は私たちの期（防大六期）が主体で、同年七月二尉から一尉への昇任時期でした。

同期生でも序列があり武器職種の同期二十数名中、一番が河千田、二番が柿谷……でした。普通であれば当然昇任しますが、私を飛ばして十数名が昇任しました。

おそらく少年工科学校の勤務評定が最低だったと思われます。その原因はすでに述べましたように、教育部長や生徒隊長、特に生徒隊長に対する発言で、真実を述べたことに対する仕返しだと思います。

私が昇任しなかったことに対して、武器学校教育部長の水野正由一佐は「君を昇任させないとはケシカラン。少年工科学校が君と河千田を是非、欲しいというから差し出したのに、兎に角、辞めるなんて言うな。次の異動で武器学校の教官にするから、出世の登竜門であるCGSを目指せ」と言いました。水野一佐は陸幕武器課訓練班長（武器科職種の人事担当）時代、私と河千田を少年工科学校に送り込んだ人であり、私（前田家の分家・大聖寺藩）と同じ前田家の分家・富山藩の出身でもありました。

同期の大半が一尉に昇任したのです。このような仕打ちをした自衛隊に将来を託したくないと思い、他の世界への転職をも考えました。

ところが、予期せぬ事態が起きました。妻が咳を連発し止まりません。土浦市と阿見町の病院で診察を受けますと肺結核、A病院は一年、B病院は二年の入院が必要とのこと。だが、私の所属は少年工科学校、横須賀であり、間もなくAOCを卒業し、今年中に横須賀に戻らなければなりません。それで横須賀の国立病院で診察を受けますと入院は半年とのこと、この場合の問題は逆に入院すれば半年近く見舞いにも満足にいけません。思案の末、入院期間が半年と判定した横須賀の国立病院に入院しました。転職よりも妻の回復が先決、自衛隊に残ることにしました。

入院期間中、土曜の午後から日曜の午前、必ず土浦から横須賀に見舞いました。この際、同期で防大の機械工学教室の助手・鶴野省三氏宅に宿泊しました。このご恩は一生忘れません。

この時期、陸上自衛隊の最も重要な基本教範「野外令」が改定されました。土浦と横須賀の往復の間、改定された「野外令」を熟読しました。この成果は「野外令」の試験にあらわれました。「野外令」の重要部分二百箇所を抽出し、正しいか、誤りか、正しければ〇印、誤りには×印を付ける試験が行われ、私の間違いは二百中、数箇所で問題を作成した教官が驚きました。

(二) 十二月に卒業し横須賀に戻りました。半年の入院予定が半年延び一年となり七月まで入院しました。担当医に半年延びた理由を聞きますと、担当医は「最初から一年かかると思ったが、一年と言うとがっかりすると思い、半年と言った」と言いました。

退院と同時に武器学校に転属になりました。ちなみに、私のAOCの卒業成績は三十数人中四番、成績優等生の表彰は三番まででした。

少年工科学校在任中に住んだ家は、着任当初は六畳一間のアパート、隣室の住人は入居した時は自衛官でしたが引っ越し、オンリー(パンパン)が入居、ベトナム戦線の休暇中と思われる米兵を連れ込み真夜中まで騒ぎたて安眠が妨害され、数カ月で他の民家に引越し、AOC入校のため土浦(阿見町ではなく)の民家に引越し、卒業して横須賀の民家に引越し、三年余の間に住んだ家は四箇所でした。

第六章　陸上自衛隊武器学校・教官

第一節　武器学校

（一）私は昭和四十四年七月武器学校所属となりました。

陸自には幹部学校、幹部候補生学校の職種共通の学校の他、富士学校など職種の幹部を教育する学校が沢山あり、武器学校は職種学校の一つです。

結婚したのが四十一年ですから、わずか三年で五回目の住家です。官舎には入れず民家に引越し、妻も結核が完治しておらず土浦の病院に転院して通院しました。

武器学校は武器科幹部に必要な武器科部隊の運用、各種武器の補給、整備に関する教育をする学校です。企画室、総務部、教育部、研究部、武器教導隊があり、私は教導隊に配置されました。

（二）ＣＧＳ受験のために必要な部隊勤務は、前記の内武器教導隊だけです。そのようなこともあってか大阪大学や少年工科学校など部隊勤務の少ない私を教導隊所属にしたのだろうと思います。学校当局の配慮に感謝しました。

（三）所属は教導隊ですが、勤務は教育部武器運用科でした。何気なしにＡＯＣの成績を見ました。成績とは試験の点数と人物評価の点数の合計だと知りました。四番だったことはすでに述べましたが、私は、試験は二番でしたが、人物評価は八番、このため全体で四番になったと知りました。

人物点を付けたのは私が配置された武器運用科の教官が主体です。私はだまっておればよかったのですが、つい悪い癖が出て「二番を四番にしたのは皆さんか」と言いました。科長以下無言でしたが、防大一期の北村博三佐は「柿谷、人物評価が三十数人中八番にしただけでも喜べ、授業中、教官に対して意地の悪い質問をする。本来はもっと下でもよかったのに上から四分の一だ」と言われこの話は終わりました。次は「意地の悪い質問」の一つです。

戦術の授業で教育部長が視察に来られた時、私は教官にある質問をしました。質問に対して教官は満足に答えず「柿谷、お前はこんなことも分からないのか」と言いましたので、私は「分からないから、お聞きしているのです。答えて下さい。教官には学生の質問に答える義務があります」と述べました。部長はこのやり取りを笑みを浮かべて聞いていました。

第二節　CGS受験

選抜試験は一次試験（筆記試験）と二次試験（口頭試問）があり、一次試験合格者が二次試験を受けます。私は一回目は一次試験で不合格、二回目は一次試験に続き二次試験にも合格しました。

二次試験は「原則図示」「図上戦術」「服務」の三科目があり、試験官は一佐一名、二、三佐が二名合計三名、一佐が長です。

●「原則図示」

試験官（一佐）から「普通科連隊の偵察部隊の長を命じられた場合の一例を図示説明せよ」と指示されました。私は、普通科部隊はおろか武器科部隊すら勤務したことがありませんが、ＡＯＣで主動職種である普通科部隊の運用に関して教わった知識に基づき黒板に作戦図を書いて説明しますと、試験官は手許の書類から私の職種、経歴を知りながら、「君の職種は何か」と聞きます、私は「武器です」と答えますと、「武器で、かつ部隊勤務のない君では分からないだろう」と言い、更に「何期か」と聞きましたので「六期です」と答えました。試験官は「まだ、若いではないか、勉強して来年出直して来い」といい、中身の説明に入らず、入り口で終わってしまいました。

●「図上戦術」

「図上戦術」を略して図戦と言います。地図の上での戦争です。日本の中の一部が使用されますので、使われている場所が、過去の図戦で使用した場所か、使用したことがない場所かが運不運となります。問題で提示された場所は茨城県でした。

試験官は地図を見ながら「わが意を得たりではないのか。君が最も重要な地形と思う場所にこの輪（丸く作った輪）を画鋲で張り付けろ」と言われ、○○高地に張りました。が、地図を見ると画鋲の穴は××高地が多い、私よりも先に受験した人は××高地採用者が多かったのだろうと推測しました。

試験官は「君は○○高地としたが、××高地ではないか。決心を変更しないか」と誘導します。この場合、直ちに変更すれば「信念を欠く」、最後まで変更しなければ「頑迷固陋」と言われます。私は最後まで試験官の誘導に従わず、変更しませんでした。

●「服務」

試験官は「『原則図示』『図戦』を受けて合格か不合格かどちらと思うか」と聞きましたので、私は「合否の線上にあり、合格するか否かはこれから行われる『服務』にかかっていると思います」と答えますと、試験官は「合否の責任を俺に押し付けるつもりか」と笑いながら言い、「ところで、君は教導隊所属でありながら、なぜ、運用科の教官なのか」と痛いところを付いてきました。私は「教導隊所属でないと部隊勤務が不足するから、学校が配慮してくれたのだと思います」と答えました。

試験官は「本音を言いよろしい」と言い、教育に当たって留意していること、国際情勢、米国の戦略などについての考えを聞きました。私はこれらの質問には、防大時代の「軍事史研究部」の知識、考え方が役に立ち的確に答えることができたと思いました。

合格か否かは自分では全く分かりませんでした。が、合格発表の前日、帰宅時たまたま廊下で副校長に出会いますと、副校長から「明日、引導を渡す」と言われ、合格でした。

第三節　中曾根長官

私が着任した半年後の昭和四十五年一月十四日、防衛庁長官が中曾根康弘氏に代わり、同年十月防衛庁は初めての「日本の防衛」(防衛白書)を発刊しました。中曾根長官は「『日本の防衛』の発刊にあたつて」の最後の部分で次のように述べました。

《最後に自衛隊の管理について一言したい。

私は、長官に就任して以来、機会を求めて現地部隊をたずね、自衛官の生活に直接接触して来た。そして彼等の要望の多くは、実際の勤務と生活からにじみでた切実なものであることを知った。

たとえば自衛官も市民であり、憲法の前では平等であるにもかかわらず、大学への受験や入学が拒否されていることに対する不満、北海道で行われる冬季演習に際して雪の上で幕営する場合、きびしい寒さから身を守るため、官給品以外に防寒具を自費で補足している実状等々。

私は、第一線を回ってみて、若い自衛官達が想像以上に使命感に燃え、真面目に勤務しているのを見て、しばしば目頭を熱くし、涙をかくすのに苦心した。もちろん、中には少数の不心得の自衛官もいる。しかし大部分は頼もしい日本の若者である。日本経済の高度成長につれ、自衛官の待遇と民間の待遇との格差はますます開き、募集は日に日に難しくなりつつある。

これが今日の自衛隊管理の最大問題の一つである》

この主張に対して当時、次のように感じ、このような長官の下では隊員は命を懸けて使命を遂行できない、と思いました。

●自衛官に対する感謝や名誉や誇りの付与が全然含まれていない。

●「しばしば目頭を熱くし、涙をかくすのに苦心した」とは、わざとらしい不自然な表現である。

●「中には少数の不心得の自衛官もいる」とは、このようなところで使用すべきではない。

【閑話休題】

中曾根氏は静岡高等学校から東京帝國大学に進みました。

わが武器学校長も静岡高等学校の卒業生で大阪帝國大学出身、中曾根氏の高校の先輩です。私は大阪大学の工学修士、ある宴席で校長の前に座り「お流れ頂戴します」と言って、私と校長の間で次のような会話が交わされました。

私が「校長は中曾根長官の旧制の静岡高校の先輩ですね」と言いますと、

校長は「そうだ」と言われました。

私が「最近お会いになられたことがありますか」と言いますと、

校長は「飛行機の中で偶然一緒になり、ご挨拶をし、高校が同窓だったことを知った。その際長官から『君は俺の先輩か』と言われました」、

私は「長官、校長としての会話ではなく私的な会話でしょう、中曾根氏に『後輩のくせに俺の先輩かとは無礼だ』と、何故言われなかったのですか」と言いますと、校長は不機嫌になり副官に「僕は帰る」と言って立ち上がり、玄関で「柿谷君には参ったよ」と言い残して帰って行かれたそうです。

私は「君は俺の先輩か」を聞き、中曾根氏の本質を改めて知りました。その代表例を述べます。

●中曾根氏が六〇年安保当時、防大を訪れた時、学生の面前で被っていた帽子を片手で無造作に校長に差し出し、校長は両手で恭しく受け取りました。中曾根氏の行為は礼を失している、と反発を覚えました。帽子はお付きの副官に渡すべきです。

●中曾根氏は「陸軍へ行って二等兵から始めるよりも、主計科士官になればすぐ主計中尉ですから海軍を受けた。幸い合格して、四カ月間東京・築地の海軍経理学校で訓練を受け、十六年（一九四一年）八月半ばに連合艦隊に配置されて、巡洋艦「青葉」の乗組員として赴任しました。……艦にはガン・ルーム（青年士官室）というのがありまして、その長が海軍大尉の星野文三郎さんという通信長でした。…その星野文三郎さんは、私が昭和四十五年（一九七〇年）に防衛庁長官になったとき、自衛艦隊司令官になってた。それで横須賀へ私が巡視に行ったときに自衛艦隊司令官として拝謁にきました」（『正論』平成十七年九月臨時増刊号「昭和天皇と激動の時代・終戦編」から）、「ガン・ルームの長だった人を「拝謁にきました」とは、「拝謁」とは「高貴の人に面会することの謙譲語」（広辞苑）で、大臣は職務上の上司ではありますが、高貴な身分ではありません。中曾根氏の本質が顕れた表現です。

第七章　指揮幕僚課程学生

（一）ＣＧＳ学生の階級は三佐、一尉、定員は約八十名、ちなみに、私の同期は八十七名（防大出身が八十名、一般大学出身が三名、新隊員出身が三名、タイ国の留学生一名）でした。

防大の陸上要員は約三百名、任官者が約二百五十名ですから三名に一人が本課程に入校、この内の約半数が二佐又は一佐の時、高級三課程（陸自幹部学校の幹部高級課程、統幕学校、防衛研究所）に入校（所）します。

（二）私は昭和四十六年七月、第十七期生としてＣＧＳに入校しました。学生の期別（防大、一般大出身、隊員出身の相当期を含む）の内訳は二期二名、三期十一名、四期十六名、五期二十名、六期十九名、七期十八名、学生長は防大二期（京大の工学博士）でした。ちなみに、防大六期で一尉昇任半年遅れは私を含め五名、一年遅れは一名でした。

入校者の大半は、普通科（歩兵）、特科（砲兵）、機甲（戦車）の戦闘職種で、後方職種は僅少、武器職種は年に一～三名、十七期は三名（五期一名、六期二名）この内、二名はすでに他界されました。

（三）教育内容は「図戦」、「現地戦術」（現戦）、「指揮所演習」が主体です。が、本著は戦術論議でなく、体験したことを述べます。

●無礼講

学生は約二十名一組の班に分けられ、班ごとに指導官が配置されます。

入校直後の顔合わせのため、班の宴会が行われました。私の属した班の指導官は海軍兵学校（海兵）出身の二等陸佐でした。

指導官は宴会開始に当たり「今日は無礼講だ、諸君が思っていることをどしどし言え」と言いましたので、私は遠慮せず入校以来気付いたことを歯に衣を着せず申しました。

翌日、指導官と海兵同窓の教官（武器科職種）から呼び出され「昨日は宴席で大変無礼なことを言ったそうだなぁ」と言われました。私は「無礼講だと指導官が言いましたので、思っていることを申しました」と言いますと、「お前さんなぁ、無礼講とは、無礼なことを言うな、という意味だ。少し大人になれ、そのようなことでは出世はできないぞ」と指導されました。後述しますが、この方は私が最初に陸幕に勤務した時の班長です。

●図戦

「図戦」とは、ある想定のもとの地図上の戦争です。教官が想定を作り学生に対して問題を付与します。教官が作った回答を「原案」と言います。通常考えられる案は数個あり、学生は自分の作成した案を教官に提出します。学生が提出した案の是非を討論します。

ある想定で多くの学生が第一案だと思われましたが、私はあえて第二案を提出しました。予想したとおり、ほとんどの学生は第一案、その結果討論では第二案の私と第一案を提出した多くの学生のやり取りで前段が終了、休憩時間となりました。

休憩時間、教官から教官室に呼ばれました。注意を受けるのかと思いましたが、教官は「討議の後段は意見を控えてほしい、討論が先に進まない」と言ってタバコ（ハイライト）を一箱くれました。

●寸劇

ノモンハン事件を題材にした、関東軍司令部の作戦会議の寸劇が行われました。私の役は関東軍司令官、参謀長以下は防大の先輩でした。

作戦会議の開始に当たりそれぞれの参謀が着席しました。この際、参謀長以下が私より先に着席しました。私は「軍司令官よりも先に座る奴がいるか」と大声で怒鳴りました。すると参謀長以下参謀役の先輩が慌てて起立しました。

教官は講評で「柿谷の軍司令官が一番状況にはいっていた」と述べました。

●学生長が退職

工学博士の学生長は入校直後「図戦」などの回答案は「とんちんかん」でしたが、回を重ねるごとに急激に上達、「原案」に近い案を作成するようになりました。教育部長以下が○○、○○と言って高く評価、同期生からも尊敬され、おそらく卒業成績はトップクラスだったと思います。

工学博士のCGS卒業は前代未聞、陸幕長の有力候補と思いました。が、卒業と同時に自衛隊を退職しました。退職後、企業の長に就任したとか（?）。校長以下の落胆は大なるものがあったと思います。将来の陸幕長よりも民間企業を選んだのです。昭和四十年代の自衛官の位置付けを表しています。

（三）幹部学校CGSは市ヶ谷です。学生は二学年になれば千葉県の二俣というところの官舎に入居しますが、一学年には官舎はありません。引き続き土浦の借家から通勤、二学年になり千葉県の官舎に入りました。妻は結核が治りきっていないため、逆に千葉県から土浦の病院に通院しました。

第八章　第七師団武器課総括班長

第一節　着任

（一）ＣＧＳを卒業し千歳の第七師団第七武器隊（運用幹部）所属となりました。

第七師団は陸上自衛隊唯一の機械化師団です。妻は結核の治療のため札幌の病院に転院しました。

北海道勤務は官舎に入居できると聞いていましたが、この年新しい部隊が同駐屯地に配備され官舎が満杯、官舎には入居できず借家でした。さらに驚いたのは、同時にＣＧＳを卒業し七師団の普通科連隊に着任した防大同期の茅原郁生君と同じ民家、家主が私と茅原君が同一人物と勘違いしたのが原因とか。普通科連隊が他の民家を探し、茅原君は別の民家に入居しました。

（二）私が配置された第七武器隊は総勢約二百人、隊長職は二佐、副長と運用幹部職は三佐で、隊長は二佐でしたが、副長と私は一尉でした。

隊長は師団司令部の武器課長を兼務、通常の勤務場所は武器隊、副長の勤務場所は常時武器隊、運用幹部の勤務場所は常時師団司令部で武器課総括班長、実質副課長、CGS出身者は初めてとか、武器隊所属の隊員の少なからずは、私の通勤手段は新品の私有車だと思ったそうでしたが、免許のない私が車に乗るはずがありません。それ故、通勤は自転車、それも壊れかけた自転車、いざ鎌倉の秋、佐野源左衛門が痩せた馬でかけ参じる、にちなんで自称「源左衛門が馬」と言いました。引越しが多く、官舎にも入れず、新しい自転車を買えるはずがありません。

（三）師団司令部要員の出身母体は、陸軍大学校出身は師団長ただ一人、CGS出身は、幕僚長、部長では第一部長（人事）以外の部長、すなわち第二部長（調査）、第三部長（防衛）、第四部長（装備）、課長のCGSはなし、班長では、防衛班長（第三部所属）と私だけでした。毎年八十人も卒業して何処にいるのかと思いました。

第二節　師団司令部武器課の任務

（一）師団司令部武器課は、総括班、補給整備班、弾薬班からなり、第一節で述べましたように総括班長は実質副課長、師団長の命令、通達の原議書の武器課長の合議の代印を行いました

（二）補給整備、弾薬の恒常業務は、各班長ともベテランで何等問題なく順調でした。

（三）ただ、千歳市内で厄介な問題がありました。不発弾です。かつて米軍の占領下時代米軍の弾薬庫が爆発したことが原因と聞きました。

工事現場などで不発弾が発見されますと、発見者は警察（千歳署）に通報します。警察には処理能力がありませんから、千歳署は北海道警に通報します。道警は陸上自衛隊北部方面総監部に処理を依頼します。依頼を受けた北部方面総監部は第七師団に処理を命じてきます。処理する班は武器課弾薬班、実際の処理は弾薬陸曹（二曹）でした。

千歳署は当方に早急に処理するよう要望して来ます。現場から早く除去してくれとの要望があるからでしょう。しかし、当方も命令がなければ動けません。陸軍士官学校出身の幕僚長は処理する前に自分に見せろといいます。

武器課には模型の弾薬が数種類ありました故、私の独断で模型の弾を見せ「これを処理します」と言って、現場に行き実物の不発弾を受領して処理場に行き処理して喜ばれたこともありました。

第三節　昇任

第七師団に配属間もなくの七月一日、防大同期の一回目の三佐への昇任時期でした。

私も茅原君も一尉の昇任は半年遅れです、一尉の半年遅れが三佐に一回目になるとは思えませんでした。が、演習場で副師団長から柿谷、茅原は三佐昇任との内示を受けました。但し、幹部名簿の序列は一尉に一回目の昇任者の下でした。ちなみに、CGS同期で一尉半年遅れの五名は全員昇任、逆に五名が三佐に昇任しませんでしたが、この五名は一尉一回目の昇任者でした。

この昇任には複雑な一面がありました。それは副隊長が一尉のままだからです。武器隊のナンバーツウは副隊長、運用幹部の私はナンバースリーです。副長は隊員出身で私よりも十歳ほど年長、実務に通じたできた人でした。私の内示を知ると「総括班長、おめでとう。三佐になると同時に敬礼するよ」と言いました。が、私が転勤するまでの一年間、ナンバーツウが一尉、ナンバースリーが三佐のままでした。

第四節　官舎入居

この年の七月の異動で官舎が空き、一尉が住んでいた官舎の後に入居しました。後輩から三佐に昇任して、一尉の後の官舎ですか、と同情されました。この官舎は酷い建物で、壁に寄り掛かると壁が落ち、朝眼覚めると寝床の横に蛆虫がいました。汲み取り便所から這い出てきていたのです。これが旧陸大に相当するCGSを卒業した三佐（少佐）に対する扱いでした。

第五節　対抗指揮所演習

（一）この年の師団にとっての最大の行事は、北部方面総監が統裁する真駒内駐屯地（札幌）に司令部を置く第十一師団との対抗指揮所演習でした。指揮所演習とは部隊は動かせませんが、司令部だけが実動する演習です。

（二）北部方面総監部が想定を作り、両師団に図上で戦争をさせるものです。直前に七師団長は交代、後任の師団長も陸大卒でした。私はＣＧＳを卒業したばかりで最新の知識があると思われ、かつ本演習では武器課総括班長としての業務は僅少であることから、演習の要の班長である防衛班長補佐、つまり臨時の第二防衛班長を命じられました。

（三）方面総監部に提出する第一回の作戦計画を防衛班長が起案し、第三部長、幕僚長の押印を得て師団長の決裁を受け、師団作戦計画となります。

最初の作戦会議が行われ、師団長が作戦計画の方針を読み上げました。幕僚案の通りと思いましたが、師団長は幕僚長がサインした方針を全く無視して、「できるだけ敵を遠くに阻止して……」との方針を読み上げ「この意味は陸大を出ていないと理解できないだろう」と述べました。陸大出身は師団長だけです。エリート意識むき出しです。師団長は何を考えているのかと思いました。だが、防大出身でも幕僚長抜きの幕僚会議を実施した〝エリート〟がいたと聞いています。

（四）状況が進み、統裁部たる方面総監部から師団命令の提出が求められました。防衛班長は仮眠中、第二防衛班長の私が幕僚長、師団長の決裁を頂きに行きました。両首脳は天幕の中に設けられた作戦室で対話中でした。まず、幕僚長に説明し「お願いします」とサインを求めましたところ、幕僚長は赤鉛筆で、ある部分を追加して花押し「柿谷、命令とはこのように表現するのだ」と私を指導しました。

引き続き幕僚長の横に座っている師団長に決裁を求めますと、幕僚長が赤鉛筆で追加した部分だけを消してサインしました。

その状況を横で見ていた幕僚長は唖然とした顔をしました。私は師団長の面前で幕僚長の指導を受けたことを反省しました。半面、このような師団長の下では戦えないと思いました。

事後別件で、幕僚長のサインをもらいに行きますと「俺の意見は不要」と言いました。

第六節　師団長を兵隊扱いした旧軍の小隊長・長官

旧軍の小隊長クラスだった人が防衛庁長官に就任、わが国唯一の機械化師団たる第七師団を訪れ、栄誉礼を受けて訓示し、訓示が終わると師団長以下全員に対し「皆、分かったか」と怒鳴り声を上げました。旧軍の小隊長が兵隊に注意した後と同じやり方、師団を分隊扱い、師団長を兵隊扱いです。何を考えているのでしょうか。このような長官は隊員から軽蔑を受けるだけで、自衛隊を指揮できません。

聞けば、長官室で幕僚長に対して、敬礼の仕方が悪いとか、「気を付け」の姿勢が悪いとか、吠えるとの噂が流れていましたが、噂は本当だと思いました。

第七節　転勤の内示

昭和四十九年七月、陸幕武器課訓練班に転勤の内示を受けました。陸上幕僚長は陸士五十三期、陸大五十九期（恩賜）の三好秀男陸将で、私が仕えた陸幕長で最後の陸大出身、最後の陸軍少佐となりました。

陸幕訓練班の私の前任者は防大一期、上司になる訓練班長の前職は北部方面武器隊長です。

北部方面武器隊に挨拶に行きました。海軍兵学校出身の副隊長から「陸幕は班長以外、班員であれば一佐も一尉も同格、頑張りなさい」と激励して頂きました。

第九章　陸上幕僚監部武器課訓練班

第一節　陸上「幕僚監部」とは

（一）わが国には外国のように「参謀本部」はありません。「幕僚監部」というものがありますが、これは似て非なる組織です。理由は参謀と幕僚は大違いだからです。

参謀とは「謀に参画する」ことで、参謀とは物事を決める重要人物、「高級指揮官の幕僚として作戦・用兵その他一切の計画・指導にあたる将校」（広辞苑）、幕僚とは天幕の中の全ての人物で「①帷幕の属領。②君主の帷幕または軍の司令官・総督などに直属して、参謀事務、または副官事務に従事する者」（同）を言い、太刀持ちも含みます。

わが国では自衛官を「参謀」扱いせず、幕僚つまり「事務方」扱いし、官僚つまり「事務方」が参謀気取りです。

旧陸軍では陸大を出て参謀本部勤務となったものを参謀本部「部員」、陸大を出ていない参謀本部勤務者を「部付」といい、陸大出身者は昭和十二年まで軍服に天保銭の形をした徽章を佩用しましたので、「天保銭組」と言い、陸大を出ていない人を「無天組」

と言いました。

防衛省では軍事に無知な役人を「部員」と言います。明らかに参謀本部部員の「部員」の流用で、役人が「参謀」気取りで、「部員」とすべき指揮幕僚課程出身者を「部付」扱いしています。
(一) 旧軍の中央本部(官衙)は、陸軍が「参謀本部」「陸軍省」「教育総監部」の三つ、海軍は「軍令部」と「海軍省」の二つでした。
陸軍では「参謀本部」の長は参謀総長、「陸軍省」の長は陸軍大臣、教育総監部の長は教育総監といい、三者を陸軍の三長官といい、師団長など高級将校の人事を決めました。ちなみに、所属員の呼称は、参謀本部は「部員」、陸軍省は「課員」、これに対し陸幕は「班員」です。

陸上自衛隊は一見、旧陸軍の三つの機能は陸幕に集約されているようにみえますが、防衛省に「内部部局」があり、文官が防衛大臣になり、官僚が事務次官、局長、部員などに就任し、自衛隊の高級幹部の人事をはじめ重要事項の事実上の決定権は「文民統制」の美名の下役人が握っています。
(三) 陸幕に着任して、まず感じたことは、先輩班員は内局の役人に低姿勢です。
何故なのかと陸幕勤務歴豊富な海兵出身の班長に聞きました。

班長は「内局の部員をあのようにしたのは我々自衛官です。かつて新着任の部員が挨拶に来ました。遠慮して中々部屋に入って来ません。理由は自衛官の中には歴戦の勇士が少なくなく、恐れたのです。が、当方の上司が阿《おもね》るものですから、一カ月もするとポケットに手を入れたまま部屋に入って来るようになりました。全て当方の責任です」との返事が返ってきました。

第二節　非任官者が「部員」

さらに驚いたことがありました。内局の部員の中に防大の同期生がいました。私が陸幕着任当時、私の知る限り四人いました。彼らは健康上の理由から自衛官になれず、事務官になり部員になっていたのです。なお、この制度はこの年度限りだったようです。

彼らは参謀気取りで、防大の先輩を含め自衛官を内局に呼びつけます。また、部下には厳しい課長（陸将補）が彼らを課長室に招き入れもてなしていました。彼らは防大の学生時代、目立った存在ではありませんでした。健康上の理由から事務官に採用することに問題はありませんが、自衛官を統制する行為には納得がいきません。

第三節　陸幕武器課とは

（一）私の着任当時、海、空幕は部の下に課がありましたが、陸幕は部も課も陸幕長に直結し、部課並列性と呼び、海、空は部課直列性といいます。当時の陸幕では、部長は課長の上司でなく、課長に対して命令権がなく、関連事項に関して統制するだけで、部長より先輩の課長が少なくありませんでした。

武器課の任務は主として火器、車両、弾薬、ミサイルの補給整備ですが、私の所属した訓練班は、武器科部隊の編成、運用は第三部（防衛担当）の、武器科職種隊員の人事は第一部（人事担当）の統制を受けて実施していました。が、海、空幕のように部長の指揮に入れるべしとの意見が出て数年後に部長の下に課長が入る、部課直列性に改編されました。

訓練班が相手にするのは、主として陸幕内の第三部と第一部、隷下の武器職種部隊、機関であり、内局と関係がなく、部員に呼びつけられることはありませんでした。私自身は不愉快な思いをしたことはありませんでした。

（二）課長と訓練班長

課長は陸士出身、実務経験豊富ですが、ＣＧＳは出ておらず、課長が終われば定年、訓練班長は海兵出身で陸士の六十一期相当、ＣＧＳ、ＡＧＳ出身で、同期のトップクラス、将来間違いなく陸将、武器職種の大御所が約束されています。課長と班長の意見が合わないことがままありました。

私の担当正面が課長室で十七時頃から班長が集まり課内審議が行われました。わが班長は「只今から訓練班の案を柿谷に説明させます」と言い「柿谷説明」と私に指示しました。

私の説明が終わりますと班長は課長が反対と知りつつ「柿谷案に賛成、賛成、大賛成」と言い、班長は「私と柿谷はこれ以上のものは書けません。課長書いて下さい」と言いました。課長は渋い顔、各班長にとって課長は現在の上司、将来職種の大御所のわが班長の板挟みとなり無言です。

課長は「分かった。君たちも今一度書いてみろ」と言い、審議をせず、散会となりました。課長室に連接している大部屋に戻りますと、班長は「柿谷帰ろう」と言い、帰路につきました．帰る方向は同じで上野から常磐線、私は土浦、班長は龍ヶ崎、班長は上野の一杯飲み屋に連れて行ってくれました。班長に「課長は今、案を作成しているのではないでしょうか」と言いますと、班長は「多分そうだろう。おいらは、明日午前中武器補給処に用事があるから陸幕への出勤は午後になる、お前さんは出勤したら課長から課長の作成文をもらえ」と言いました。

翌朝出勤しますとある班長は「課長は徹夜して作成していたぞぉ」と言いました。課長室に入りますと課長は「班長は？」と言いますので、「武処（武器補給処）に立ち寄るので午後になります」と言いますと、「班長と一緒に来い」と言われました。

出勤した班長にその旨伝え一緒に課長室に入りました。班長は課長の機先を制して「郷里から送ってきたものです」と言い松茸を差し出しますと、課長は「お前のとどちらが大きいか」と言いながら松茸を受け取り、課長案を差し出しました。班長は「課長案に基づき柿谷に清書させます」と述べ一件落着しました。

(三) 課長は、実務に長け将官になった人です。実務経験が乏しい私のようなＣＧＳ出を鍛えてやらなければ、との思いが強かったのでしょう。着任後、半年間は何を持って行っても一回でＯＫになったことがありません。ところが、年が明けると逆に何を持参しても、時には中身を見ないで雑談しながら印鑑を押してくれました。

この件に関し、互いに退官後、元課長に武器学校の記念日でたまたまお会いした際、「君を鍛えるためにやった。ところが、ものになった頃、第三部（防衛部）がくれと行ってきた。拒否したところ、三部の編成班長は『課長、貴方は柿谷の将来の面倒を見ることができるのですか』と言われ三部に渡した」と言われました。

(四) 千歳から陸幕に転勤しましたが、官舎が与えられません。理由は家族構成、つまり、妻と二人、点数が足りないからです。同期生でも子が一人いる人は官舎に入居できました。安月給で東京のアパートには入れません。武器学校に勤務していた時、将来に備え購入した古い家から通うことにしました。妻は結核が完治していないため、札幌の病院から土浦の病院に転院しました。子がいない原因は医者から「完治するまで子を作ってはいけない」と言われていたからです。

土浦から東京への通勤は常磐線ですが、今より本数が少なく、特に陸幕は残業が多く、朝早く家を出て夜遅くの帰宅、病気が完治していない妻にも負担をかけ、常磐線の駅まではバスも少なく、第七師団に引き続き「源左衛門が馬」（オンボロ自転車）のお世話になりました。

第十章　陸上幕僚監部第三部（改編後、防衛部防衛課）編成班

第一節　三部編成

（一）私は昭和五十年七月、武器課から第三部編成班に異動しました。陸幕内の異動を「幕内異動」と言いました。第三部編成班は間もなく防衛部防衛課編成班となりました。防衛部（第三部）は旧陸軍の参謀本部作戦部と陸軍省軍務局の機能を兼ねた組織です。が、旧軍との大きい違いは権限が内局にあることです。

（二）防衛課とは、旧陸軍の陸軍省軍務局の機能等を所掌、戦前の「統帥大権」（大日本帝國憲法十一条「天皇ハ陸海軍ヲ統帥ス」）と並び「編制大権」（第十二条「天皇ハ陸海軍ノ編制及常備兵額ヲ定ム」）と言われ「天皇の大権」でした。着任と同時に任務の重要性を叩きこまれました。

（三）編成班は、防大の期別に関係なく、先に勤務した者が威張っていました。班の主な任務は部隊や機関の組織、定員、編成、装備、配置等です。私の任務は、最初の八カ月は次年度担当（大蔵省に対する事業要求）の補佐、次の一年は年度担当（部隊、

機関に対する命令、通達案の起案）の主務、次の一年は次年度担当の主務でした。

（四）防衛庁長官、陸上幕僚長の部隊、機関に対する命令や通達を起案します。これを「起案権」といいます。これが三佐たる私の任務です。今から考えると「起案権」を笠に着て、少し威張り過ぎた感があります。

案の作成に当たり、陸幕の関連部課の担当者、内局の部員への根回し、班の先任のサインをもらい、班長、部長の決裁をもらい関係部課長の合議、副長、幕僚長の決裁となります。

ある件に関し、部長が印を押してくれません。部長はある場所を指して「この場所を書き直せ」と言われましたので、私は「この案でよいのです」と応じ、応答が続き私は「出直します」と言って部長室を出ようとしますと部長は「一晩がかりで検討して出直して来い。そうすれば盲判を押す」と言われました。

翌日、同じ案を持参しますと、部長は「少しも修正していないではないか」と言われましたので、私は「検討した結果、修正する必要はないから修正しませんでした」と申しますと、部長は印を逆さまにして押しました。

各部長の合議をもらいに行きますと、ある部長は「お前の部長の印は、何故逆さまなのか」と言いました。私は「少し目が悪いようです」と答えますと、その部長はにやりと笑いました。

後日、部の宴会で部長は「俺のところには、多数の部下が印鑑をもらいに来る。俺のちょっとした指摘に簡単に応ずる者がいる。こんな部下は信用できない。君を試してみたのだ」と言われました。
（五）防衛庁長官（現、防衛大臣）が部隊に命ずる命令を何度か起案しました。この場合、陸幕長の決裁を受けた書類を内局の部員に渡しますと、内局の部員は受け取った書類の上に内局の決裁書を載せ、部員、課長、局長、次官がサインします。
この際、陸幕長の決裁を受けた書類を内局官僚が不同意との理由で修正させては陸幕の面子が許しません。それ故、幕僚長の決裁前に部員に根回しします。が、本来軍事の素人が幕僚長の決裁した文書に横やりを入れることは「官僚統制」で、「文民統制」とは「官僚統制」でなく、「政治優先」のことです。但し、内局は陸幕長が栗栖弘臣陸将の時は「陸幕長のお考えは」と聞きました。栗栖陸将は、陸軍士官学校ではなく、東京帝國大学法学部出身で、高等文官試験の合格者だからでしょう。
（六）自衛隊の高級幹部の人事権は長官（大臣）にあります。が、大臣は個々の自衛官を知るはずがなく、補佐を内局官僚に依存しています。これが問題なのです。自衛隊以外の組織では、高級官僚の人事権は大臣にあっても補佐するのは高級官僚です。

高級幹部自衛官の人事を官僚が握っているため、私が現役の頃、見聞きしたおかしな現象の一例を述べます。

●若い自衛官が私服を着用して内局のエレベーターに乗っていたところ、途中の階で乗ってきた将官の階級章を付けた自衛官から頭を下げられた。この将官は私服の若い男性を内局の部員と勘違いしたのです。笑い話の典型です。

●内局の課長は事前の予約もなく、陸幕長室に入ってきます。陸幕の課長は、特に呼び付けられれば別でしょうが、次官室はおろか局長室に入ることはありません。

●内局の部員が私の目前で、私の上司に「ご昇任、ご栄転おめでとうございます」と言いました。内示前であり、私は上司の昇任も転属も知らず、初めて知りました。人事権は我々にあるとの誇示だと思いました。

●私は内局の部員と雑談中「予備自衛官を希望する人は大したものだ」と言いますと、部員は「私は自衛官を希望する人がいるのも不思議だ」言いました。この人は間もなく防衛庁を退職しました。

●防衛庁には他省庁からの出向者が事務次官、局長、課長、部員の中に散見され、軍事に無知な官僚が自衛隊を「文民統制」と称して統制するのです。権限を笠に着て威張る官僚がいる反面、自身の能力を自覚し謙虚な官僚もいます。

A省から出向してきた部員が、私が大阪大学の工学修士だと知ると態度を変え「私は阪大の文系です、先輩とは知らず失礼しました」と言いました。大阪大学は学制改革で大阪帝大、大阪高等学校などが母体で、帝大は医学部、理学部、工学部です。私の大学院時代、帝大時代の教授は旧高等学校時代の教授を一段下に見ていたようでした。

B省から出向してきたC部員と防衛庁採用のキャリアDと私と三人で内局が準備した官用車に乗車したことがありました。DがCの横（私より上座）に座ろうとしますと、Cは「D、お前はそこでない」と言って「柿谷さん、どうぞ」と言ってCの横を指さしました。

（七）陸幕は独自に大蔵要求はできないが、説明は全て陸幕

陸幕は陸上自衛隊の部隊、機関の編制等に関し独自には要求できません。内局の審査が必要です。が、大蔵省に対する説明は全て陸幕です。本来は内局がOKしたのですから内局がすべきですが、しません。大蔵省も内局には聞きません。

大蔵省に要求書を提出します。概算要求と言います。大蔵省の担当者はこれを熟読して、内局ではなく、陸幕に説明を求めてきます。求めてくる時刻は十九時以降である故、退庁は二十二時、帰宅は二十三時、出勤は当然、隷下部隊、機関と同時刻です。大蔵省の官僚は、出勤は遅く、帰りはタクシー券があるとのこと、彼らを相手にするのは体力

勝負です。

大蔵省が内局を相手にせず、我々を相手にする理由は、実務経験のない内局には満足のいく回答が返って来ないからです。また、内局も直接我々に聞くことを望んでいます。それ故、大蔵省からの質問内容を内局に通報せず、内局も質問内容を聞いてきません。概算要求提出後は大蔵省と我々のやり取りでした。

（八）防衛部幕僚の誇り

伊藤忠商事の会長だった瀬島龍三氏は、元大本営陸軍部作戦課の参謀で、大東亜戦争開戦の命令を起案した主任者です。著書『瀬島龍三回想録　幾山河』で、企業の担当者と参謀本部の参謀との違いを次のように述べています。

《参謀本部では、各担当の主任者はそれぞれの担当事項について重要な立場にあった。企業では、課員が課長の決裁をもらえば、後は課長が上司にその書類を持っていって決裁をもらうのが通例であるが、参謀本部では多くの場合、主任者が参謀総長のところまで書類を持っていって決裁をもらった。内容によっては、部長や課長が主任者に同行した》

右の理由は、参謀は陸士出身者が陸大の選抜試験に合格し、陸大で昼夜鍛えられ、作戦能力は上司の課長や部長と遜色がなく、最新の事項に関しては上司よりも豊富な部分もあります。担当する事項に他の課に絡む事項があれば、該当する課の参謀と調整して作業するゆえ、担当事項に精通しています。上司は担当事項の細部より大所高所からの指導です。

陸幕勤務時代の職務内容の詳細には触れませんが、私も三佐、二佐の幕僚時代、陸幕長の決裁を一人でもらいに行き、一回の例外を除き、すべて一回で決裁をもらいました。例外とは、陸幕長が栗栖弘臣陸将の時でした。上司の班長、部長、関連部長、陸幕副長の花押もあり、三十分間、粘りましたが「修正して、出直して来なさい」と言われ、決裁をもらえず、修正して後日、決裁を戴きました。

（九）婦人自衛官（現、女性自衛官、以下同じ）

自衛隊では「昭和四十三年度から婦人自衛官制度が拡充され、婦人が直接わが国の防衛に参加する道が開かれ、このことにより、一般婦人層の国防に対する関心が高まり、自衛隊に対する正しい理解を促進することに役だつものと期待されている」（昭和四十五年版「防衛白書」）とされ、私が陸幕武器課勤務の頃からも婦人自衛官の拡充が論議されていました。

しかし、婦人自衛官に反対する人も少なくありませんでした。その理由に、わが国では歴史的に戦場で活躍した女性は「巴御前」くらいだ、女性は銃後の守りが大切、を挙げました。

この延長線上の話で、第一部（現、人事部）の担当者が私に「部隊に女性が相応しいポストを選定して欲しい」と言ってきました。私は部隊に女性が務まるポストはない。戦時で女性が野蛮国の捕虜になった場合、死ぬより恥ずかしい扱いを受けることは間違いない。平時でも、演習の際、女性の隊員を真夜中歩哨には使えない、壍壕を掘る際、女性は男性に劣る、男女の問題が起こる、等々を挙げて反対しました。

すると、第一部の担当者は「君がこれ以上反対するなら、人事班に君を転勤させるよう言う」と言いました。
（十）編成班に異動して官舎に入居できました。CGSの学生の時と同じ千葉県二俣です。妻は病院を土浦の病院から東京の「虎の門病院」に転院しました。昭和四十三年七月から五十年七月まで七年間に横須賀、土浦、札幌、土浦、東京と五つ目の病院です。「虎の門病院」での診察結果は「結核は既に完治しています。薬は服用する必要はありません。何故、飲んでいたのですか」でした。どの病院の時に完治したのか、調べようもありません。

第二節　敵機来襲

昭和五十一年九月六日、ソ連のベレンコという若い中尉が、ミグ25戦闘機に乗って亡命、函館空港に強行着陸しました。中尉は「日本の近くに来たから安心した」と述べました。ソ連の近くではソ連機に追いかけられ撃墜されるが、日本の領空に入れば、自分から手を出さなければ、自衛隊機から撃墜されることはない、安心と思ったからです。

ミグ25は当時、世界最新鋭の戦闘機、西側にとっては喉から手が出るほどに欲しい、「カモがねぎを背負って来た」のです。ソ連は西側には渡したくない、取り返しに来る又は撃破に来る、法制が整備されていないから大変な事態でした。

ミグの強行着陸直後の十月十五日、陸上幕僚長に着任されたのが栗栖陸将でした。大変な心労だったと思われます。その後、統幕議長になり『超法規発言』で金丸信防衛庁長官から解任されました。が、非難されるべきは栗栖氏でなく有事法制を整備しないで放置してきた政治家です。

第十一章　第五武器隊長兼ねて第五師団司令部武器課長

第一節　部隊長勤務

（一）自衛官にとって部隊長勤務は名誉です。部隊長とは職種によって違いますが、中隊長には一尉又は三佐が、大隊又は大隊に準ずる隊の長には二佐が、連隊又は連隊に準ずる隊の長には一佐が就きます。私は昭和五十三年三月、帯広に司令部を置く第五師団の第五武器隊長兼ねて第五師団司令部武器課長を命じられました。私は婦人自衛官の拡大に反対し転勤させられたとは思わず名誉なことと思いました。

（二）第五師団は大東亜戦争の末期、ソ連が日ソ中立条約を侵犯して火事場泥棒のようにわが領土を奪っていった場所に最も近い師団です。が、隊員は「道産子」は多くなく、九州を含む本州出身が多く、九州生まれの者が自衛隊に入隊、新隊員教育を受け、いきなり最も離れた帯広に配置された者もいます。が半面、沖縄より北海道を望む隊員が少なくありません。

第二節　隊員の気質

（一）私は隊員が何を考えているかを知るため、幹部自衛官（将校）や陸曹（下士官）を官舎に招き一杯やりながら歓談しました。酒が回りますといろいろ本音を語ります。ある一曹が私に「隊長は奥さん同伴だから安心です。単身赴任の隊長ではソ連が攻めて来たら、東京に逃げて帰るのではないかと心配です」と言いました。ソ連の侵略を心配している隊員がいました。ロシアのウクライナ侵略を見て彼の心眼は大したものです。

私も現役時代、ソ連が侵略してきた夢を幾度も見ました。小学一年の時、裏の田んぼから見た隣の県の福井空襲の夢です。遠くの空が真っ赤、焼夷弾が燃えながら落下、上空にはB—29が旋回、行きがけの駄賃に爆弾を投下するのではないか等々、夢の最後はいつも敗けたかで終わります。だが、退官後は戦争の夢を一度も見たことはありません。

（二）道東（北海道東部）は広大です。同じ北海道でも千歳と異なることがありました。それは自動車に関することです。速度違反と飲酒運転に悩まされました。

●車の通行量が少ないためか、つい速度を出し過ぎ、警察はわずかの速度違反でも検挙します。官用車でも同じです。警察は自衛隊の警務隊に通報、警務隊が部隊に通報、処分は「訓戒」です。

●飲酒運転にも悩まされました。こちらは処分後、依願退職です。

私は見たことがありませんが、北部方面総監部は飲酒運転者とその上司の一覧を回覧していました。ある時、同期生から「お前の名前が載っていた」との電話がありました。

（三）規律違反を起こした隊員を注意したところ、外出中にいなくなってしまいました。隊総出で捜索しましたが、見つかりません。ところが馴染みの飲み屋にしけこんでいるらしいとの情報が入りました。電話で飲み屋に確認させますといるとのことでした。私は飲み屋の主人に、直ちに隊員を返せと伝えました。飲み屋の主人は隊員を伴って隊長室に現れました。隊長室に接した部屋の部下たちは、どのような結末になるかと耳を澄ませているだろうと推察しました。

飲み屋の主人は「××さんは、何も悪くありません」と言います。私は飲み屋の主人を睨み付け大声で「そんなことは私が決めること。自衛隊をなめてはいけない」と言いますと、飲み屋の主人は驚いた様子で、素直に謝罪し決着しました。

（四）十勝はゴルフが盛んです。

着任直後、武器課の△△班長が私に「ゴルフの腕はいかがですか」と言いますので、私は「ゴルフなど、やったことはない」と言いますと、「師団長以下部課長はゴルフが盛んです。部課長によるゴルフコンペもあります。私がご教授しますからゴルフ道具一式を買われたらいかがですか」との忠告を聞き入れ購入しました。

間もなく、△△班長は「明日（土曜日）、明後日（日曜日）、〇〇三尉を武器の整備のため釧路に行かせたいと考えております」と了解を求めて来ました。私は「君は行かなくていいのか」と言いますと、「彼が行けば十分です」と言いますので了解しました。

月曜日、師団の第一部長は私に「昨日、ゴルフに行った。△△も来ていた」と言いました。私は△△が部下の〇〇だけを釧路に行かせた理由はゴルフのためではなかったのかと思い、△△を呼んで真意を糺しますと、顔を赤くして認めました。

私は「〇〇三尉は来年定年、君の親に当たる年齢である。にもかかわらず、君はゴルフのために彼一人で行かせた。恥を知れ」と叱責しました。私は直ちにゴルフを止め、ゴルフ道具は転勤の引っ越し手伝いに来て下さった方に差し上げ、この時以来、一切ゴルフをしていません。

（五）転属してきた隊員に、次に述べるようなわけありがいました。

●飲み屋などに借金をし、返済のため厚生資金を借りました。が、借りる理由を飲み屋の借金返済ではなく別の目的にしました。これに部隊も絡んでいました。

私は転入して来た隊員とは階級に関係なく面接しますが、ある隊員との面接でどうも様子がおかしいので問い詰めますと、次のように述べました。

「自分が所属する部隊に対して、帯広に隊員を差し出せとの割り当てが来たが、希望者がなく、部隊が困っていた。借金返済のための厚生資金を借りる際、部隊に世話になった、この見返りに転勤を引き受けさせられた」（要旨）と言いました。

本州の部隊長にとって、北海道や沖縄、特に沖縄への差し出しは、階級の上下を問わず希望者が少なく大変です。私の所属する部隊ではありませんでしたが、私の目の前で、涙を流しながら、沖縄に向かった幹部自衛官がいました。

第十二章　陸上幕僚監部防衛部研究課研究班装備係長

（一）帯広に一年四カ月勤務し、昭和五十四年八月陸幕防衛部研究課研究班装備係長勤務となりました。防衛部を出て一年余で防衛部に戻りました。運輸省から内局防衛課に出向している部員から「早いお帰りですね」と言われました。

研究課と防衛課の違いは、研究課は将来の部隊の運用や保持すべき装備の研究で、直接大蔵省とは関係なく、落ち着いて任務が遂行できるセクションです。

私の係は将来保持すべき陸上自衛隊の装備の検討、係員は私を含め八人、人数は班並みでした。

（二）陸上自衛隊演習（陸演）

研究課勤務中、陸上自衛隊演習（以下、陸演）が行われました。方面隊以下の演習であれば、上級司令部が統裁し、隷下部隊を演練します。たとえば、師団対師団の対抗演習であれば、方面総監部が統裁、つまり両師団に課題（問題）を付与しますが、陸幕に対する課題の付与も陸幕です。

本演習で最も鍛えられるのは防衛部運用課です。が、統裁部要員の主体も運用課でした。それ故、運用課の所属員は課題を作成する側と課題に基づき回答する側に二分されました。その結果、運用課長は演習部隊、運用課長の部下・運用班の一部は陸幕副長の下で統裁部、つまり、上司の課長が、部下の班の一部が作成した問題で鍛えられることになりました。

副長の統裁とはいえ実際の統裁は運用班員であることは幕内では誰でも知っています。私も統裁部の一員を命じられ、運用班員が作成した課題（問題）を運用課長に示し、回答を副長に渡しました。このようなことですから運用課長は運用班員に対して「俺を軽視してもいいが、無視はするな」と言った、との噂が広がりました。

このような場合、統裁部要員は全員、運用課以外の者にするか、運用課長を副長の補佐にし、運用班長を「演習運用課長」に、部下の係長を「演習運用班長」にすべきだと思います。

(三) 金丸信防衛庁長官から解任された栗栖弘臣元統幕議長が参議院議員に立候補され、防衛庁の正門近くで演説があるとの情報が入り、聴きに行きました。栗栖元統幕議長は演説の最後に「私の意見に不同意の人は入れる必要はない（趣旨）」との発言をされました。これを聞いた春日一幸氏は慌ててマイクをとり「みんな栗栖に入れてくれ、選挙とはそんな生易しいものではない」と述べたのが印象に残っています。

（四）昭和五十六年七月一日、同期のトップクラスが一佐に昇任しました。

第十三章　幹部高級課程学生

（一）昭和五十六年八月、陸上自衛隊幹部学校・幹部高級課程（ＡＧＳ）に入校を命じられました。

（二）本課程の教育内容は、航空総隊の見学、海自の護衛艦の乗艦、外務省職員の講話など、陸幕防衛部に二回勤務した私には得るものが余りないような気がしました。だが、幹部学校副校長を長とする韓国研修は有意義でした。

昭和五十六年十一月十日、成田を離陸して金浦空港に着陸しました。着陸後、直ちに国立墓地に向かい参拝しました。わが国の靖國神社に相当します。

案内して下さったのは金さん（女性）でした。金さんは日本語で「私は、この度日本の偉い兵隊さんがお出でになられましたので、国からご案内役を命じられた金と申します」と挨拶されました。当時でもわが国内では聞くことができない美しい日本語で、多分戦前、日本の大学か高等女学校で教育を受けられた方だと思いました。韓国では五本の指に入る同時通訳とかで、外交交渉の通訳もされる由、ご主人は韓国陸軍の予備役大佐とか、日本国内では「偉い兵隊さん」「兵隊さん」と呼ばれたことは一度もなく、後にも先にもこの時だけで、韓国の兵隊さんを大変羨ましく思いました、

十一日、鉄源のトンネルに向かい、途中三十八度線で休憩、夜は韓国陸軍本部で会食、作戦参謀副長のお持て成しを受けました。その席で一人の准将から「最近は、自衛隊は税金泥棒と言われなくなりましたか」と質問され、自衛隊のわが国における位置付けを指摘され、思わず顔が赤くなりました。

十二日、板門店に行きました。米軍の大尉から事前説明があり、その中で、危機に際しての責任は、米軍はもたない、非武装地帯での写真撮影の禁止がありました。夜は日本側が韓国軍人を招待しての夕食会でした。

十三日、釜山に向かうバスの中で、金さんからハングル文字を教わり、途中慶州の古墳を見学、ある県の県議会議員団と鉢合わせ、軽い挨拶を交わしました。

十四日、帰国のため釜山空港に向かう途中、鎮海にある陸軍大学校に立ち寄り、校長以下に挨拶、将校集会所で昼食、空港に着きますと、ＶＩＰルームに案内され、飛行機への搭乗は乗客が全て搭乗した後、丁重に案内され、手荷物の点検は一切なし、途中出会った県議会議員団はトランクの中まで点検されていました。

成田に到着しますと、女性職員からポケットの上からではありましたがチェックを受

けました。軍人に対する日韓の尊敬度の違いです。

第十四章　陸上自衛隊幹部学校教育部戦略教官室・教官

（一）昭和五十七年三月ＡＧＳを修了し、陸上自衛隊幹部学校教育部戦略教官室勤務を命じられました。室長は防大一期、教官は一期から六期、階級は大半が一佐、一部が二佐でした。

室員はＣＧＳを出た後、ＡＧＳ、統幕学校、防衛研修所（現、防衛研究所）のいずれかの教育課程（これらの課程を高級三課程と呼称）の出身です。

（二）普通の教育機関、たとえば大学（防大を含め）では教授、助教授が、学生に教育する内容を学部長はおろか教授の点検も受けません。教授、助教授になったということは教える資格があることを意味します。

戦略教官室は、室長は一佐、教官も一佐又は二佐、室長と防大やＣＧＳ、ＡＧＳ同期もいます。室長は室員よりも一佐に半年、一年早くなったにすぎず、能力、資質は室長も室員も同じです。私の着任時の室長はこのことを弁えていました。

ところが、八月に交代した室長は、戦略教官室を普通科連隊と勘違いしていました。

普通科連隊の連隊本部は、一佐は連隊長だけ、二佐は副連隊長一人、以下三佐から陸曹、陸士までいます。戦略教官室は階級的には連隊長と副連隊長だけの集団です。

●着任した新室長は私に「コーヒー」と言い、給仕と勘違いしました。社長が副社長に、教授が教授や助教授にコーヒーを入れろという会社や大学はないでしょう。私には大本営の作戦部に当たる陸幕防衛部の幕僚を五年務めた誇りがあります。

「私の任務には『給仕』はありません。飲みたければご自分で作って飲んで下さい」と言いました。

●室長はある時「室員の作成した文書に赤字で修正するのが、上司としての喜びだ」ととんでもないことを言いました。

このようなことから、この室長は防大一期後輩の一佐の作成した教育資料の少なからずの箇所に赤字を入れました。

この一佐は教官室で行われた審議で「貴方は私の作成した文書を一字なりとも修正する能力はありません。そのようなことは、過去、貴方と一緒に教育を受けた私が一番よく知っています」と言いました。室長は一言の反論もできず、防大一期の教官が中を取り持ち一字、一句も修文することなく収めました。

(三) 私は昭和五十八年一月一日、同期の一回目の昇任よりも一年半、一期後輩・七期の一回目の昇任よりも半年遅れで一佐に昇任しました。

この件に関連して、最近一期上の五期生の某氏から奇妙なことを言われました。「君と茅原郁生君、二見宣君は六期の三貴人（「奇人」ではなく）だ。そのような貴人は五期にはいない。理由は三人の共通点は一尉になるとき半年遅らされ、ＣＧＳは同期、現役で将官にせず、定年将補（退官日、一日だけ将補）だが、現在現役として活躍している」

現在も現役との意味は、柿谷は軍事評論家の肩書で著書を出版、茅原は拓殖大学名誉教授の肩書きで論文を発表、二見は一般社団法人「日本安全保障・危機管理学会」の副会長兼理事長を指していることだそうです。

第十五章　陸上自衛隊東北方面総監部装備部装備課長

第一節　初めての高等司令部勤務

（一）私は昭和五十八年三月、仙台に司令部を置く東北方面総監部の装備部装備課長を拝命しました。陸幕隷下の方面総監部で隷下部隊には、第六師団（神町）、第十二師団（青森）、特科群（仙台）、高射特科群（八戸）、施設群（船岡）などがあります。五個ある方面隊の内、最も小さい方面隊です。

方面総監は私の着任時に交代、前職は第十二師団長でした。

（二）方面総監部は陸幕のように内局や大蔵省などの他省庁を相手にしません。恒常業務です。

私は昭和六十年三月で装備課長二年になりましたがそのままです。同じポストに二年以上とは珍しいことですが、七月二十二日、「陸幕の教範・教養班長」の内示がありました。

第十六章　陸上幕僚監部教育訓練部訓練課教範・教養班長

第一節　教範・教養班長

（一）私は昭和六十年八月、陸幕教育訓練部訓練課教範・教養班長として着任しました。

このポストは陸幕を部課並列性から部下直列性に、つまり第一部を人事部に、第二部を調査部に、第三部を防衛部に、第四部を装備部に、第五部を教育訓練部に改編した時、第一部と第五部のそれぞれの中の一部の機能を取り出し教育訓練部に設けた班で、「教範」と「教養」の二つの機能を有しています。

教範とは、マニュアルのことであり、旧陸軍の「作戦要務令」など軍の作戦などに関する原則を記した教科書です。教養とは自衛官はこうあるべし、幹部自衛官はこうあるべし、つまり「精神教育」です。両機能の共通点はソフト面です。初代の班長は防衛大学校学生歌の作詞者・田崎英之氏です。

この時期、作戦要務令に相当する「野外令」の改定作業の最中でした。

（二）人事部長に着任の挨拶に行きました。人事部長は同県人（石川県）の志方俊之陸将補（後、陸将、防大幹事、北部方面総監）です。

志方氏は石川県の名門・金沢大学付属高校（金大付属）出身、防大二期、京都大学大学院博士課程修了、工学博士、防大出身で最初に米国の日本大使館付防衛駐在官（大使館付武官）になった秀才です。

志方さんは、にっこり笑みを含めながら次のように言いました。

《いや、いらっしゃい、待っていました。陸上自衛隊十八万（定員）で「教養」と名がつくポストは、陸幕の「教範・教養班長」しかない。それ故、陸上自衛隊で一番教養のない、無教養なあなたにやってもらうことになった》

軍の指揮官は、冗談が言え、「頓智」（機に応じてはたらく知恵、「広辞苑」）が必要です。「一番教養があるあなた」と言えば、わざとらしくなる故、「一番教養がない」と言われたもので、私は勝手に笑いながら「一番教養がある」と解釈しました。

二十年ほど前、「頓智」の一例として、テレビで旧海軍の士官だった方が、大学出身者が海軍を受験した際の口頭試問で、教官から「ここに五匹の猿がおり、パンは六個、如何に配分すべきや」との質問に「一個と五分の一」と答えれば小学生の回答であり不合格、正解は六個の「むっつ」、五匹の「ご」、猿の「ざる」を語呂合わせ「それはなかなか難しゅうござりますなぁ」でした。

（三）部隊に教養図書を配布する任務もあり「図書委員会」の委員長でもありました。英国勤務歴のある監理部長に挨拶に行きますと、部長は「あのポストには歴代相当の人が就いているが、出世はしませんよ」と、意味ありげに、にっこり笑いました。

第二節　全学連長官の恥知らず指示

（一）中曾根科学技術庁長官の訓示を聞いた当時の防大生は現役の自衛官、当時三学年だった私も一等陸佐でした。このような中、中曾根首相は、安保、自衛隊反対を唱えていた加藤紘一氏を我々のボスの防衛庁長官にしたのです。加藤氏は自衛官に対して、安保騒動に参加していた非行を釈明することなく長官に就任しました。

そして演習を視察、軍事用語が難しくて理解できませんでした。解らないのは当然でしょう。自衛隊の入隊歴はなく、自衛隊反対を唱えていたからです。恥を知る人なら解らなければ勉強しますが、解らないと駄々をこねました。

長官に忖度する内局の教育訓練局は、陸上、海上、航空の各幕僚監部に、陸、海、空自衛隊が使用している軍事用語のうち、難しいと思われる用語を「難解用語」と名付け、「難解用語」と「難解用語修正案」一覧表を作成し、提出を求めてきました。この任務は教範・教養班です。

好機到来、「歩兵」のことを「普通科」というが、普通科とは何が普通なのか、分からない高等学校や洋裁学校の「普通科」と間違える「歩兵」とすべきである。

「砲兵」のことを「特科」というが、「砲兵」は軍の主兵であり、特別な職種（兵科）ではない「砲兵」とすべきである。

「工兵」のことを「施設科」というが、ある自衛官が高校の同級生に「施設学校」に転勤したとの挨拶状を出すと、同級生から「お前も自衛隊の施設に入ったたか、体を大事にしなさい」との返事が来た、「工兵」とすべきである。

一佐《いっさ》を広辞苑で引くと、小林一茶しかでていない、「大佐」とすべきである。

以上の案を提出しましたが、長官を逆なでするると思ったたか、採用せず、これ以外の用語を求めて来ましたので「短切」「主攻」など数個を出しますと、この案を陸幕副長から事務次官に説明して欲しいと言って来ました。

それでやむを得ず、副長から次官に説明するためのいくつかの「難解用語」と「修正用語」を作り、副長に説明して指導を受けますと、副長はこの案の内、一つだけは修正に応じるが、他の案は修正に応じないと発言、さすが副長と思いました。

かくして、昭和六十年十二月十七日、副長に随行して次官室に行きました。次官は「主攻」とはどういう意味かと聞きましたので「主たる攻撃」と答えますと、「『主たる攻撃』

とすべきである」と言いました。私は「戦場でそのように言えば、舌を噛む」と反論しました。

また、次官は「『短切』とはどういう意味か」と言いますので、「『鋭く短く』で、『鋭く短く突け』などに使う」と答えますと、「それでは『鋭く短く突け』と言えばいいではないか」と言いました。私は「戦場で『敵を鋭く短く突け』とのんびりした言い方をしていては敵にやられてしまいます」と反論しました。

ところが、副長は「この用語を含めここに掲げた全用語を修正します」と答えました。事前の打ち合わせと正反対の発言に驚きました。が、次官室を出るや否や副長から「君の先の発言は極めて不適切である」との指導を受けました。

副長は三カ月後、陸軍士官学校出身最後の陸幕長の後を継ぎ陸幕長に、さらに一年半後、統幕議長になりました。

副長に説明した翌日、昭和六十年十二月十八日（俸給支給日）、陸幕長は幕僚を従え長官室に出向き、改定した「野外令」について説明しました。随行したのは教育訓練部長と私と班員。訓練課長は「部長と班長が行けば十分」と言い、同行しませんでした。内局の教育訓練局長（警察庁から出向の警察官僚）が立会しました。

長官は「野外令とは野外で使う教範ですか」との質問がありました。陸幕長は「昔の作戦要務令に相当する教範です。細部は教育訓練部長に説明させます」と述べ、教育訓練部長が説明しました。

この際、私は伝統的、常識的な軍事用語の意義について補足説明し、無駄な時間を費やしました。長官は我々の説明を手帳にメモをしていました。正月が近いためか沢山の色紙が散らばっていました。我々に無駄な作業をやらせ、色紙を誰に配るのであろうか、と思いました。これがシビリアンコントロールです。

加藤氏は長官を退いた後、平成六年十一月三日付産経新聞で「安保の中身を知っている者は百人に二人もいなかった」と述べました。元防衛庁長官として極めて無責任な発言です。

第三節　出向官僚の問題点

防衛庁（省）には他の省庁から出向者が少なからずいます。このような〝軍事音痴〟に対して説明するのは苦労します。が、出向してくる方も大変です。教育訓練に近いのは警察だから教育訓練局長は警察官僚が出向とは、だが、自衛隊と警察では教育訓練の質も量も全然違います。出向してきた警察官僚もまず用語すら分かりません。

たとえば、「師団」の英訳は「ＤＩＶＩＳＩＯＮ」です。ある程度の軍事知識があれば、自衛官以外でも知っています。それ故、第九師団のことを「九D」と表現します。ある局長が教育訓練部の班長に「Dとは何」と聞き、自衛官の間で大笑いになりました。自衛官は警察に「ホシ」とは何か、「ガイシャ」とは何かと聞いたりはしません。出向者に対して「新入社員」教育をすべきです。

第十七章　陸上自衛隊西部方面武器隊長

第一節　普通科連隊長を希望するもダメ

(一)　教範・教養班長も二年となり次期ポストの希望はと問われ普通科連隊長と答えました。理由は幹部候補生学校時代、希望職種調査の第一が普通科だったからです。が、武器職種ではダメとのことで、昭和六十二年八月、佐賀県の「目達原駐屯地」に本部を置く西部方面武器隊の隊長を命じられました。

(二)　八月四日一一〇〇から行われた着任式で次のように訓示しました。

《私はただいま総監部の幕僚副長から紹介を受けた、西部方面武器隊長を命ぜられた柿谷一佐であります。

九州の地は幹部候補生学校卒業以来であり、西部方面隊の部隊に勤務するのは初めてであります。

九州男児、否、男女と一緒に勤務できるのを楽しみにしてやって参りました。

さて、着任にあたり私の所信と申しますか、要望を申し述べます。それは主客転倒してはいけないということであります。

武器隊の任務は航空隊とか特科群とか施設団とか地連を支援することであり、民間で言えば車両等の整備工場とか部品屋に相当します。

民間との違いは民間ではお客様が工場などを選べますが、自衛隊ではお客様である各部隊は武器隊を選べません。支援する対象部隊が規則で定まっているからです。このような組織では一般的にお客様の方が弱い立場になります。支援する方の武器隊が横柄な態度になりがちです。ライバルがないからです。

諸君もご承知のように自由競争のある国の経済は発展しますが、自由競争のない国の経済は発展しません。

日本は自由競争のある国ですが、自衛隊には自由競争がありません。民間では絶対に潰れないと思っていた組織も小さいライバルの出現により、潰れたことを知っているでしょう。

日本に入ってくる外車は左ハンドルで使いづらいですが、日本が外国に売る車は左ハンドルにして、その国で使い易くしているのです。だから売れるのです。お互いに努力しましょう。

さて、私自身、九州、佐賀県、目達原駐屯地、西部方武器隊に惚れ、総監の意図を体

して努力しますので協力をお願いします》

（二）方面武器隊とは、連隊クラスの位置付けで、主として方面隊の直轄部隊、一部師団を支援する部隊で、西部方面武器隊は当時、「目達原駐屯地」と「湯布院駐屯地」に各一個中隊、「福岡駐屯地」と「北熊本駐屯地」に小隊規模の部隊を各一個、配備していました。

私は持久走も銃剣術も得意、普通科連隊長をやってみたいとの思いがありましたが、普通科職種の親しくしている同期生から「お前は持久走が大好きだから、連隊長になれば隊員の先頭になって長距離を走られたら迷惑だ」と冗談交じりに言われました。

部隊が四個駐屯地に分散されますと、隊長にとっては、指揮統率上難しい面があります。それ故、「目達原駐屯地」の隊本部、中隊の隊員に対して行った朝礼の訓示を録音して「湯布院駐屯地」の中隊の隊員に聞かせました。

一方、「目達原駐屯地」の中隊の隊員は「湯布院駐屯地」はいい、隊長が来たときだけ張り切ればいいが、こちらは四六時中見張られている、などと冗談を飛ばす者もいました。

（三）武器隊には新隊員教育の任務がありました。

わが武器隊は、中隊長を指揮官とする新隊員教育を実施していました。着任間もなくの八月二十七日、新隊員教育の一環として背振山行進が行われました。約四十人が二〇〇〇目達原駐屯地を出発、私は新隊員と同じ服装で参加しました。

教官、助教の中に軽装がいましたが、私の服装に接して慌てて新隊員と同じ服装に着替えました。

四キロメートル毎に約十五分休憩、背振神社で〇〇三〇から〇二〇〇大休止、この間教官は休憩しませんでした。頂上に〇四三〇到着。途中ダウンは男子隊員が一人、助教が彼の装備を背負って行進しました。

駐屯地前で写真を撮影している一人の男性あり、これを糺すと「娘を撮っている」と答えました。S新隊員の父とのこと。

第二節　婦人自衛官

（一）私は婦人自衛官が配置されている部隊に勤務したことがありませんでした。が、方面武器隊にはすでに婦人自衛官が配置されていました。今回初めて婦人自衛官と一緒に勤務することになりました。
（二）既述しましたように私は特定の部隊の特定の職務以外に女性の隊員を配置することには反対です。命を懸けて外敵と戦うのは男の仕事です。百獣の王ライオンは、獲物を獲るのは雌の仕事、雌が獲った獲物に最初に手を付けるのは雄、だが外敵に当たるのは雄です。これは動物の本来の姿です。

艦艇が敵の攻撃を受けて撃沈された場合、艦長は最後まで艦に留まり指揮し、最後に退艦するのです。副艦長以下の男性が女性の艦長に「艦長お先に」と言って退艦できるのでしょうか。ウクライナはロシアに対して互角に戦っています。男子には兵役の義務がありますが、女性にはありません。女性自衛官の採用を言う前に男子に兵役の義務を課すべきです。

それはそれとして、私の経験から言えば、事務能力は女性自衛官の方が上でした。原因は、自衛官の俸給は階級で定められており、当時、九州では自衛官の俸給は、女性としては高給である故、一般的には優秀かつ出身高校も格上でした。陸士（兵隊）が陸曹（下士官）になるための勉強をしている際、女性自衛官から「あんた、こんな簡単なこともできないのか」と言われる男性自衛官がいました。

（二）部隊には当時、野外における入浴設備はなく、演習が長期となればこの間入浴ができず、健康上の問題が起きます。某駐屯地に配置されている指揮官から婦人自衛官の○○が退職したいと言いますので理由を聞きますと、身体の一部にできものができるためと言います。

別の部隊の指揮官は演習中、先任陸曹に婦人自衛官だけをジープに乗せ、演習場付近の銭湯に連れて行き入浴させたところ、男性隊員から給料が同じにもかかわらず、女性だけを優遇する差別だと文句が出たと聞きました。

現在は部隊に入浴セットがあるため演習が長期に及べば入浴が可能かも知れませんが、自衛隊の本来任務は戦争です、戦の最中、入浴はできません。

(三) 部隊の編制には男女の区分はありません。中隊に女性自衛官を配置すれば、その代わりに男性自衛官を出さねばなりません、中隊長は一対一の交換には反対でした。自衛隊、特に陸上自衛隊の任務遂行の原動力は体力です。女性は体力では男性に及びません。

第三節　自衛隊を軽視し侮る国家、国民

わが国では自衛隊と自衛隊以外が絡む事故、たとえば自衛艦と民間の船の衝突、自衛隊車両と民間車の衝突が起こりますと原因不明の段階から自衛隊が悪いと叩きまくります。原因が自衛隊以外にあることが明白になっても謝罪しません。

その理由は「自衛隊は存在そのものが憲法違反だから、憲法違反の自衛隊には相手を批判する資格はない」「われわれの税金で食わしてやっている、つまり俺が食わしてやっ

ているのだから、食わしてやっている奴に弁償する義務はない」があります。すぐ謝罪する自衛隊が相手を増長させます。わが中隊の隊員が駐屯地を出ようとしたとき､民間の車両と接触しそうなことがありました。私が出張中の出来事です。その夜、民間人は電話で「隊長は居るか」と文句を言ってきたそうです。当直はそれなりに謝罪したと私に報告、私に「隊長、酒の一本でもやれば収まりますよ」と言いました。私は衝突しそうになったとする隊員から状況を聴取しますと当方に問題はなく、相手にあるのは明白でした。

私は朝礼で「本件で文句を言われて何故謝ったのか。酒の一本でもやれば収まるとはとんでもないことだ。この民間人は本件で相手が警察だったら文句を言うのか、暴力団だったら文句を言うのか、今後このような電話があったら『出るところに出て決着をつけるぞ』と言え」と言いました。

外国では軍に対してこのような言いがかりをつける国民はおりません。

第四節　一曹殉職

（一）昭和六十三年十二月二十六日、湯布院駐屯地の中隊長（三佐）、福岡駐屯地と北熊本駐屯地の武器直接支援隊長（一尉）が、年末の挨拶を兼ね、それぞれの隊の状況報告のため武器隊本部に来隊。一二三〇頃帰隊していきました。

一五四〇頃湯布院の中隊長から「〇〇一曹が倒れた。危ない」との電話、私は「事後、十分毎、報告するよう指示、隊本部の幕僚、目達原駐屯地の中隊長を武器隊長室に集め、総監部の幕僚副長（防衛担当）に報告、人事部長、防衛部長に連絡。

一六五五頃、副中隊長から「死亡」との報告あり、私は直ちに方面総監に報告、総監から「君は現地に行った方がいい」との指導を受けました。

私は一八〇〇湯布院駐屯地に向かい、二〇四〇頃到着、中隊長から「家族はすでに遺体を引き取り、部隊葬でなく、普通の葬儀をする」との報告を受け、二一四〇頃〇〇一曹宅に向かい、〇〇夫人と対面、夫人、長男と約一時間半話しました。

夫人は「遠いところ申し訳ありません。昨日も高崎山まで走り、今日は千五百メートルのタイムレースと張り切って出たのですが、残念です。隊にはよくしてもらいました」、長男は「自分に厳しい父でした。野球が好きでした」と言われ、恨み言は一切ありませんでした。ちなみに、夫人は湯布院温泉の旅館の女将さんです。

（二）私は平成元年三月に防衛大学校に転勤との内々示を受けました。

私は三月十日（陸軍記念日）所要で湯布院駐屯地に行きました。目達原駐屯地を出発したのが〇九一五、途中混雑していたため、到着が一二〇〇過ぎ、初級幹部に対する教育、某一尉に対する四級賞詞の授与、陸軍記念日に関し教育をした後、武器隊本部の人事幹部に電話し、私の「異動が発令されたか」と確認したところ、「将官は発令されたが、一佐はまだです」の返事。

○○宅に赴くか否か迷ったが、行くことに決心、一七一五出発、一八○○着くと○○夫人は「隊長さんはご栄転ですか」と言われました。女将さんの眼力に驚きました。

私は「急に転勤を命ぜられた場合、お参りできませんので、今日参りました」と言い、お参りさせて戴きました。

第五節　幹部候補生学校、第八師団訪問

（一）私は三月十三日、幹部候補生学校を訪問しました。校長は「防大生で今年任官しない者が約五十名、昨年は当校に来てから退職を申し出たものが六十数名、この内二十数名が退職、従って防大でケジメを付けてくるよう申し込んだ」と言われました。

（二）幹部候補生学校訪問後、第八師団を訪問しますと、師団長は「防大生が多数退職するのは、自衛隊の地位が低いからである。国家との権利、義務の関係を明確にし、正当な地位を与えれば辞める者はいなくなる」と言われました。

第十八章　防衛大学校教授

第一節　防衛大学校着任

私は平成元年三月、防衛大学校に着任し、陸上防衛学教室に三年間教授として勤務しました。この間の大きい特性は学生の大量の任官辞退（マスコミは「任官拒否」と報道）です。ちなみに、平成元年卒業生が五十六人、二年卒業生が五十九人、三年卒業生が九十四人、四年卒業生が三十四人です。

私は防大卒業後、防大研修生として勤務、大阪大学修士課程修了後の所属が少年工科学校教官、この時も定期的に防大を訪れ防大の教官と交友、それ故、通常の防大卒業生よりも防大に知り合いがありました。今回の着任に際し、防衛学以外の教官からも歓迎会をして戴きました。その際の発言の一部を紹介します。

●元副校長の教授は「本館の事務官は総務部長以下が内局の方を見て仕事をしている。誰がキングで誰がクイーンかを知らない。防衛学の人は短期間で転勤する、教室のこと分からない人が多い、教授会で副校長などの投票権があるのは問題」

●訓練課長は「ここは防衛大学校であり、防衛大学ではない。それを教授たちは分かっていない」

●教務部長は「柿谷君、かきまわさないでもらいたい」

●着任二度目の教授会で、叙勲が話題になり、A教授は「叙勲において元防大教授としているが、何故、防大名誉教授としないのか」、B教授は「防大教官は他大学の教官より処遇が悪いのではないか、防大は総理府人事局が窓口だが、他大学は人事院が窓口であり、不利ではないのか」、防大は自衛官となるべき者を教育訓練するのが使命であるにもかかわらず「自衛官の叙勲が低すぎる」との発言はありませんでした。

●満洲国は、満洲民族、大和民族、中華民族、朝鮮民族、モンゴル民族による五族協和を目指しましたが、防大は陸上自衛官、海上自衛官、航空自衛官、防衛庁教官、事務官による雑多の集まりで、『五族不協和』と揶揄する教官がいました。

第二節　産土祭に於けるスピーチ

防大では、ある期間内に誕生した学生を祝う昼食会（「産土祭」と呼称）が、校長以下主要職員が学生食堂に会し行い、指名された一人の教官がお祝いのスピーチを行いました。私は着任して半年後の平成元年十一月七日指名され、以下のようなスピーチを行いました。

《私は陸上防衛学の柿谷一佐です。産土祭にお招きいただき有り難うございます。私は支那事変の最中の昭和十三年十一月三日生まれです。当時は明治節でして生まれた時刻が、式典が行われている九時頃で父が大変喜び勲章の勲をとって勲夫とつけました。

今日は、私が幹部候補生学校を卒業し、大阪大学の大学院で学んでいた頃のことを話してみたいと思います。その頃、幹事の志方陸将、教務部長の中溝教授は京都大学の博士課程におられ、二尉か一尉で、特に志方陸将はヤンチャ坊主の顔をしておられ、自衛官による京大、阪大のコンパでお会いした時など同県人のこともあり、「志方さん」なんて呼ばせていただいておりました。そういう時代の話です。

当時は、高度成長期で東京オリンピックも行われ、日本も先進諸国に仲間入りし景気は良く、工学部出身者は引っ張り凧で、学生一人に数十社からの求人があり、教室主任であった私たちの教授は、これを断るのに大変苦労をされておられました。景気の良い時つれなくすると、不景気な時、逆に学生をとってもらえなくなるからです。

私の研究室の教授は四十歳で、教授になったばかりの愛国の情に燃えたバリバリの人でした。そのような人でしたので、研究室の教官、大学院の学生それから卒論の学生とで、よく昼食会を行いました。大概は教授のおごりでした。今日はどうなっているか知りませんが、ある会食の折り、教授は次のことを話されました。

「諸君、教員の免許をとっておきなさいよ。今は、世の中が好景気であるから諸君たちは一流の会社に入ることができるが、この景気はいつまでも続くものではなく、諸君たちの入社した会社は将来つぶれるかも知れない、またいろんな理由で会社を退社せざるを得ない場合が来るかもしれない。その折教員の免許があれば役に立つであろう」

私も、一応真面目な顔をして聞いておりました。

ところが、突然、「しかし、柿谷はとってはいけない。君は防衛庁から任務をもってきているのであるから、余計なことに精力をそそいではいけない。つまり、国のお金で勉強させてもらっているのであるから自分の利益になることはしてはいけない」と釘をさされ、追い討ちをかけるようにして、「好景気だから君にも会社から誘いがあるかも知れないが、これに応じてはいけない。利で集まる者は、利で去る。人間は信、即ち信頼が大切である」と言われました。一般の大学の先生から使命観、責任感の教育を受けたわけであります。

その後、しばらくして、ある会社に制作を依頼しておいた実験装置の途中経過を見に行きました。そしたら人事課長らしき人が「食事をしていきませんか」と言い、ある部屋に案内されました。そこには昼間からビールとご馳走が準備されて上役らしき人もおり、卒業後の入社を勧誘されました。

これは大変なことになったなあと思いましたが、そこでわが教授の言葉を思い出し「貴方は、私が防衛庁からの派遣学生であることを知りながら利で誘い、それに応じた私を信頼できますか」と言いますと、その人は顔を赤くして黙ってしまいました。

私は若干勿体ない気がしましたが、ご馳走には箸を付けず帰りました。

諸君たちの中にもあるいは、会社から誘いを受けている人、或いはこの先受ける人がいるかも知れません。

今は世も好景気で企業は諸君のみならず、難民や不法入国者さえも欲しがっています。しかし、企業は防大とは、幹部自衛官になる者を教育訓練する学校だと知っております。それを承知で諸君を利で誘うのです。それに諸君が応じても諸君を信頼はしません。何故なら利で応じたものは、利で去る可能性があると疑われるからです。

従って、その会社では将来、諸君は本当の意味で大事な仕事に付けてもらえないと思います。ただ一時的に体よく利用されるだけです。

我々の同期、先輩の中にも企業に去った人がいますが、自衛官としての実績を終え、自衛隊の推薦を得て入った人は別にして、卒業直後に辞めた人で志方幹事や中溝教務部長のような地位を得ている人を聞きません。

今、テレビで春日局をやっておりますが、関ヶ原の役、大坂冬の陣・夏の陣の折り、賤ヶ岳の七本槍の内でも特に秀吉に愛された福島正則、加藤清正等が老獪な家康の利による誘いにより徳川に味方し、豊臣滅亡に加担し、一時は大大名にしてもらいましたが、結局は徳川の天下が安泰になった時、些細な事を理由に取り潰されています。

即ち、利用されただけであり、利によって近づいた者は信用されなかったのでありま す。

今日は、お招きをいただき、堅い話になってしまいましたが、人間にとっていつの時代においても「信、信用より大切なものはない」ということを忘れないでいただきたいと思います》

第三節　著書出版

（一）私は、講義に備えて教育資料「国防論」を作成、平成元年七月十七日、幹事の志方陸将に手渡しました。防衛医大から国防に関する講義の依頼を受け、防衛医大の学生に対し、平成元年九月十三日と二十日、「国防論」の要約を講義しました。

（二）平成二年七月十二日「国防論」を充実させた「国防原論」を作成、八月六日印刷ができ、これを出版したいと思いました。

防大の文官教授は一般大学並みの学問の自由があり、出版に際し学校当局の許可は不要でした。これは文官の教官だけでなく、自衛官の教官にも当然適用されるべきものと学校当局に確認するとOKとのことでした。

平成二年三月十五日志方幹事の離任式があり、後任に重松恵三陸将が着任され、三月十七日に着任式が行われました。重松陸将は元陸幕編成班の勤務があり、同時に勤務したことはありませんでしたが、「陸成会」（陸幕編成班でつくる会）の会員で、編成一族の親しみがあり職務上の上司ではありませんが、九月十八日「国防原論」を渡しました。

重松幹事は「これを出版すると君にキズがつかないか」と言われました。私は「これ以上キズの付きようがありません。但し、懲戒免職は困ります、定年を目前にして、退職金がもらえなくなりますから」と言いますと、幹事は「免職や停職や戒告になるはずがない、精々なっても、注意か訓戒だ」と言われました。私は「出版します」と言い、出版を決心しました。
(三) 本著は〝一般の出版社〟からの出版はできず、重松陸将の防大同期が退官後勤務されている印刷所・「泰生社」を紹介して頂き私家版として著名『国を想い　国を憂う』で、平成三年二月十一日出版しました。著書名は防大同期の防大助教授（防衛庁教官）

の鶴野省三氏の助言によるものです。

私は十二日に夏目晴雄校長（元防衛庁事務次官）以下学校職員に配布、十三日に幹事は統幕議長、海、空幕長、同副長に配布、私は陸幕副長に配布しました。

三月八日総務課から電話があり「何部印刷したのか。内局から先生の本を見たいと言っている」と言いますので、私は「総務部長、総務課長には一カ月前に渡している、内局が欲しいのであれば、私に直接電話しなさいと伝えて下さい」と伝えました。が、内局から要求がありませんでした。

平成三年三月十二日、重松幹事の送別会が行われ、私はこの席で夏目校長に「拙著を読まれましたか」と聞きますと、校長は「読みました。勇ましいことが書いてありました。しかし、よく思わない人もいるでしょう」と言われましたので、私は「校長にご迷惑をかけましたか」と言いますと、校長は「そのようなことはないです。どしどし思うことを書いて下さい」と言われました。

本著は『朝雲』（平成三年四月四日付）の「新刊紹介」で、「柿谷　勲夫著『国を想い、国を憂う』これでいいのか自衛隊」とのタイトルを掲げ、次のように紹介しました。

《防大の任官辞退者過去最高の九十四人――。年年増え続ける辞退者を前に指導教官は説得に奔走する。しかし、辞退の最大の理由は〝自衛官の身分の低さ〟なのだ。

本書は防大教官である筆者が、国防の重要性と自衛隊の実態を知ってもらおうと筆をとったもので、防衛、国防から脅威、侵略、国防の方法、中立などをシャープな切り口で論じている。

なかでも「わが国の防衛に関する特性」では〝軍事アレルギー〟の分析をはじめ、中国、韓国、日本の教科書比較など興味ある考察が光る。

日本は〝四面環海〟の状態で外国と直接接していないため、国境紛争が起きない。しかし〝自ら紛争の原因をつくらない限り、他国から侵略されない〟と誤解するのはあまりにも早合点ではないだろうか。

自衛官の身分にしても外に一歩足を踏み出せば小さくなっていなければならないような、社会的地位の低さは改善されないのだろうか。筆者はこうも述べている。「自衛官は国家のため勇気を持って本当のことを言うべき時期にきている」と。（本書についての問い合わせは防大陸上防衛学教室8・40・2547柿谷教授）》

但し、「朝雲」が防大のしかるべき箇所に配布されたのは、何故か約一週間後の四月十日でした。

右の「紹介」後、自衛隊のみならず、各方面から多数の問い合わせがあり、お送りしました。著書を読まれた多くの方々、たとえば、栗栖弘臣元統幕議長、国会議員の山崎拓議員、石原伸晃議員、狩野明男議員などから礼状を戴きました。

反面、重松幹事の後任の宇野章二幹事から五月二十一日、次に示す意外の苦情を頂きました。

《学生には売らない方がいい、学生からカネを取っていると陰口をたたく者がいる》

しかし、学生に対して『売った』つもりはありません。希望者に渡しただけです。防大の先輩の教授から「学生にはタダで渡しては読まないで捨てる者がいる、何がしかの対価を取った方がいい」との助言に基づき、六百円を頂きました。

それにしても、前幹事の重松陸将と百八十度異なる宇野幹事の言葉には隠されたもの、「学生には読ますな」と取れました。

この発言から一カ月余り経った七月一日、宇野幹事から幹事室に来るよう電話があり出向きますと、幹事は「今回陸上防衛学教室主任として着任する松浦よりも君の幹部名簿が上位なのに、今回の人事申し訳ない。三月にはちゃんとする。多分君の転勤が明確でないうちに、◯◯君（筆者注・松浦君の前任者）の後任が決まったと思う」と言いました。

私は「松浦君との件、別に気にしていません、私は定年まで後二年、従って私の希望は定年まで防大勤務であり、三月には転勤したくありません」と応じました。が、防大は私をこのまま置いておくと何を出版するか分からないと警戒していると感じました。

本件にしても、陸幕の人事部長を務め、防大における陸上自衛官の最高位の発言にしては不自然、隠された理由があると直感しました。

第四節　隊友会誌『ディフェンス』投稿

（一）著書を手にした、社団法人隊友会から同法人が出版する「防衛コミュニケーション誌」『ディフェンス』（秋季号・平成三年十月十日発行）への掲載依頼が来ました。

私は『国を想い　国を憂う』出版後、執筆中だった論文『軍隊と自衛隊』を投稿しようと決めました。この論文は素案の段階で、念のため幼年学校出身の教官の意見を拝聴しました。

私は七月八日、新着任の陸上防衛学教室主任の了解を得て、九日学校長に投稿する旨通報しました。十日、教務課長（内局から派遣されている官僚）から同課の准尉を通じ、昨日通報した『ディフェンス』の全文を見せて欲しい」との電話がありました。准尉を通じての電話とは無礼だと思いました。が、私は教務課長に電話して「何故必要か、規則通りやっている」と言い、十一日教務部長に電話し「部長が見るなら持参する、役人が見る必要はないと思います」と言いますと、部長は「その通り」と同意しました。

八月十五日午前中原稿の最終チェックをして送付、九月四日校正を終え、十月十五日隊友会から十冊が届きました。

（二）本件について学校当局などから次のような電話や発言などがありました。

★十月十六日二一〇五、風呂から出ますと妻が「防大人事のAさんから電話があって、お願いすることがあるから、二一一五頃電話します」とのことです。

二一一五になるも電話なく、二一二一頃電話あり。A氏は「先生は部外でご活躍のご様子。如何なる大学で講演なされていますか」と言うので、私は「何の目的で、誰の命令により、電話しているのか」と聞きますと、A氏は「補佐に代わります」と言い、補佐に代わり、補佐は「先生の部外の活動に関してお聞きしたいのです」と言いますので、私は「この夜中に一佐たる教授に無礼であろう」と言いますと、補佐は「はい、はい」と言って電話を切りました。内局官僚の無礼さで、極めて不愉快でした。

★十月三十日、幹事室に出向き宇野幹事に「『ディフェンス』読まれましたか」と聞きますと、幹事は「二日ほど前に読んだ。内局で問題になっている。学校はチェックしないのか。自分が直接聞いたわけではないので、具体的には分からない。どの部分だと思うか、読んだとき気が付かなかった」と言われましたが、気にしているようでした。

★同日、前幹事の重松陸将から電話あり「『ディフェンス』読んだ、相変わらずご活躍、内局で問題にしている者がいるそうだ。気にするな。内局は自衛官のやることに何でも難癖を付ける奴がいる」と言われました。
★十月三十一日、元上司の横地元陸将に別件で電話しますと、元陸将は「加藤政調会長が（ディフェンスを）褒めていた。君は政界でも有名」と言われました。加藤議員の言葉は意外でした。
★十一月九日、防大で各大学十二名の弁論部学生による弁論大会が行われました。審査員は、防大島村教授（弁論部顧問）、産経新聞論説委員・岡芳輝氏、陸上防衛学教授・柿谷勲夫でした。
次は演題と発表大学、氏名

演題		
今こそ確固たる国家戦略を持とう	防　大	佐々木　司
今日の文民統制	早　大	福川　英輝
本日天気晴朗ナレドモ波高し	立命大	秋山　泰隆
中国に備えよ	中央大	上念　司
オホーック海を望みて	国学院	萩原　亨洋
精を務めて　多きを務めず	日　大	榎並　正剛
アジアから世界へ—日本の立脚点	東　大	北島　純

朝鮮半島に備えよ！　法　大　藤木卓一郎
断固改廃！　帝京大　櫻井　晴子
憂国　東農大　桧森　敦史
国防軽視の風潮に対して　学習院　黒須　彩子
自衛隊よ鉄柵をとりはらえ　防　大　小島　優

これら学生は現在、五十代半ば、この演題は現在に通じます。三十数年日本人が冬眠している間に、周囲の国からどんどん取り残されてしまいました。例えば、北朝鮮の核ミサイルに独自に対処できない哀れな状態になってしまいました。

結果は
優　勝（総合得点の最高得点者）　防　大　小島　優
正　論　賞（整合性と独創性の合計得点の最高点の中から協議）　東　大　北島　純
熱　血　賞（情熱と声調態度の合計得点の最高点の中から協議）　法　大　藤木卓一郎

審査員特別賞

学習院　黒須　彩子

終了後、職員食堂でレセプションがあり、その席上で法大の藤木君は「柿谷先生は、防大のA君の話によれば、本を書いたから将補にならないそうですね」と言いました。防衛庁当局の情報が防大生を通じて他大学の学生に伝わっているということは、防大では広く知れ渡っているのです。さらに藤木君は、来年から防大に女子学生が入校することについて「女が入ると男は男になりダメ、弁論部に女が入ったら弁士が男になった」と言いました。

各大学の弁士に『国を想い　国を憂う』と『軍隊と自衛隊』を進呈しました。

★十一月十五日、親友の教授から電話で「幹事に『柿谷を防大に残すよう』言うと、幹事は『柿谷は自分の希望通りになって悦んでいるが、周囲はそう見ない、然るべきポストに出さないといけない』と言った」と言いました。

★平成四年一月九日、一六三〇総合体育館で自衛隊初の国際貢献を果たした落合一等海佐の有意義な講話あり、講話終了後一八〇〇～一九三〇大会議室で慰労会あり、文官教官（防衛庁教官）の出席もある中、防大ＯＢの文官教官の出席は不思議なことに鶴野氏だけでした。

翌十日、宇野幹事が、わが部屋に来て「昨日、君は大会議室で行われた落合一海佐の慰労会に参加していたが、自分の所に話に来なかったのは、……気になる」と言いました。

（三）『ディフェンス』は、公表された雑誌です。防衛庁以外の団体、個人も読んでいる人が少なくありません、が、クレームをつけたのは防衛庁内局とこれに迎合する者だけです。それ故、内容を知って頂くために全文を紹介します。

《『軍隊と自衛隊・柿谷勲夫（防衛大学校教授・一等陸佐）』

昨年末の湾岸危機・戦争を契機として、自衛隊の海外派遣、派兵の論議が活発になされだした。敗戦後四十五年間、軍事を抜きにして国際社会を生きてきたわが国にとって、今回ようやく国際社会の真の一員になるための産みの苦しみをしている観がある。

しかし、これらの論議を見聞きしていると、「自衛隊」と「軍隊」を混同し、つまり、自衛隊イコール軍隊として論議されている。国民の中には、自衛隊は名実ともに外国の軍隊と同一の権限・義務を持っており、自衛官もまた外国の軍人と同一の権限・義務を有しており、ただ、憲法などのため軍隊・軍人と呼称すると都合が悪いので自衛隊・自衛官と呼んでいるに過ぎない、と思っている人が少なくないようである。

ところが、実際は、自衛隊と軍隊、自衛官と軍人には有形、無形の大きな差がある。このことを国民一般に知ってもらっておく必要があると思う。

先般、防衛大学校の卒業式において、元文化庁長官で作家の三浦朱門氏が民間人としての唯一の来賓祝辞で卒業生に対して「もし国家の理念を追求するために、国民の全幅の期待を背に、最後のそして決定的手段を実施する組織が軍隊であるなら、今日の日本には軍隊は存在しない……」、また、「今日の自衛隊は軍隊ではありません。真剣を携えることは許されず、竹光を与えられているようなものです。スポーツならよろしい、しかし真剣で人と斬りあいをしてはなりません、という訳であります……」と述べられた。

この席には、自衛隊の最高指揮官である内閣総理大臣を始め防衛庁長官、自衛官の最高位である統幕議長、それから衆参両院議長も列席していたが、誰からも異議はでなかった。

ところが、在校間ことあるごとに「諸君はキャデット（士官候補生）としてかくあるべし……」とか、「外国の陸軍士官学校とか海軍兵学校あるいは空軍士官学校と比較してかくあるべし……」と訓示されてきた学生にとっては、奇異に感じた者も少なからずいたと思う。

ここで、読者各位にも有事の際、自衛隊を旧軍や外国軍のように期待していたらそうではなかったとならないよう、有形、無形の両面から自衛隊と軍隊を一、二の代表例を挙げ、簡単に比較してみることにする。

一　有形上の比較（相違）

（一）その第一は「軍隊、軍人の権限」である。外国では有事の場合、軍隊は平時の国内法の適用が除外されているが、わが国では有事の法制が整備されていないので部隊の行動に大きな制約を受ける。特に、自衛隊法以外の法律はほとんど民間人と同様の制約がある。

例えば、道路や橋は損傷していても「道路法」上、自衛隊自ら補修できないことがあり、国有地の海岸に陣地を構築する場合は「海岸法」の、敵の攻撃から守るための応急的な建築物を作る場合は「建築基準法」の、負傷者の治療を臨時に設定した場所で行うには「医療法」のそれぞれの制約を受け満足に実施できない。また、戦死者を火葬・埋葬するには「墓地、埋葬等に関する法律」の制約を受け、墓地以外では埋葬できず、火葬場以外では火葬ができず、かつ、これらの場所で実施する場合も市町村長の許可がないとできない。等々挙げればきりがない。言うなれば、自衛隊は日本国内法の適用を受けるので十分な行動はできない。しかし、侵略軍は実質上日本の国内法の適用を受けないので、十分な行動ができることになり、結果として侵略者に有利な法となっている。

自衛官についてであるが、その一つに基本的位置付けがある。軍人は外国においては文官の国家公務員と同等またはそれ以上に位置付けられている。ところが自衛官はすべていわゆるノンキャリア扱いであり、文官の国家公務員よりも一段下に位置付けられている。もともと自衛官は、文官の国家公務員のように上級、中級、初級と区分して採用されていない。これを理由として、すべての自衛官が中級以下に扱われては自衛官としては迷惑である。このため、自衛官の昇進は文官に比べて極めて遅い。例えば、内局、付属機関等の文官のキャリアの課長と陸・海・空幕、付属機関等の自衛官のエリートの課長と比較すると、自衛官の方がかなり年長である。幹部自衛官を志す学生からこの理由を聞かれ返答に窮することがある。

その二つに階級の呼称がある。少尉のことを三尉といい、大佐のことを一佐という。しかし、一佐の英訳はColonelであり、Colonelを和訳すると大佐となる。つまり、外国に対しては「大佐」とし、一見軍人扱いをしているが、自国民に対しては軍人扱いをしていない。一佐は、広辞苑にも載っていない。「いっさ」を引けば小林一茶の一茶が出てくるのみである。

三つに生存者叙勲がある。本来国家のために尽し、清貧に甘んじた軍人らのために主として設けられた叙勲が、わが国では軍人以外の人、例えば個人的に財を成した人たちよりも自衛官ははるかに低く抑えられている。そして、外国の大将には勲一等を授与しているのに、先般の叙勲では、外国の空軍大将に相当するわが空幕長は勲三等で、大学の一教授並みである。更に細部を見れば、授与される階級は三尉、一佐の一部及び将官のみである。ときに一尉や三佐の叙勲者もあるが、これは看護婦さん（軍隊の看護兵に相当）であり、民間の看護婦さん並びで与えられている。すなわち、曹長以下のいわゆる下士官と二尉から二佐までのいわゆる将校は授与されない。厳密に言えば、三尉も現役の三尉ではなく准尉の階級で定年の日に三尉になった者である。従って、准尉は現役で将校である三尉にはなりたいが、なれば叙勲はない、複雑である。外国では、国防の任務に生涯をささげた軍人は階級のいかんを問わず叙勲されている。このように、権限から見れば自衛隊は軍隊ではなく、自衛官は軍人ではない。

（二）その第二は権限と表裏をなす義務である。最近、自衛官が殉職した場合の手当が警察官よりも格段に安いので警察官並にとの論議がある。しかし、軍人の殉職と軍人以外の殉職を比較することそのものが本来間違っている。軍隊と警察の大きな違いは、警察官は国家権力を背景にし行動するが、軍隊は自国の国家権力は何の力にもならない。泥棒が警察官を恐れるのは警察官個人の力ではなく、その背後の国家権力である。このため、警察官の個人的な力が泥棒の力より弱い場合でも逮捕することが可能である。

しかし、軍隊、軍人の行動の背景には国家権力など何の威力もなく、ただ強い方が勝ち、すなわち生き残り、弱い方が負け、すなわち死ぬのである。従って、このような状態で行動する軍人には当然これに見合った手当が当然であり、はっきり言って警察官並では困るのである。

しかし、その反面、軍人に対しては強い拘束力（厳しい法規）がないと、死ぬよりは職務離脱した方が良いと考える者がでても不思議ではない。このため、軍隊では通常の刑法よりもはるかに重い陸、海、空軍刑法を設け、敵前逃亡など死刑を始め極めて重い刑を設けている。軍刑法に相当する法は、わが国では自衛隊法であるが、この中で一番重い刑は七年以下の懲役または禁錮である。敵前逃亡しても、防衛出動が下令された後逃亡しても、窃盗（泥棒）（窃盗は十年以下の懲役）よりも軽い刑である。このようなことで命のやり取りの有事の際、大丈夫なのか考えてもらいたい。ただし、この際、義務のみ課すのではなく、これに見合った権限、特権、恩典など警察官並では困るのである。

二　無形上の比較（相違）

元来、軍人を希望する者は金はなくても国家のために奉仕できる「誇り」を生き甲斐とし、このために一朝有事の際尽くすものであり、国家からみれば「誇り」を持たせ有事の際働かすべきである。つまり、無形上の要素が大切である。しかし、有形上の相違もさることながら、無形上の相違も極めて多い。

（二）その第一は「国民からの尊敬」である。軍隊は一朝有事の際、身を捨てて外国軍の侵略から国民を守るのが任務であるから、国民は軍隊、軍人に敬意を払っている。外国では、一般に自国の海軍艦艇が通過すれば、商船等はこれに敬礼などして敬意を表する。わが国のように自衛艦と民船との間に衝突などの事故が発生すると、原因が不明の段階から寄ってたかって自衛隊叩きをするのと大違いである。訳も分からずに「自衛艦が航路を傍若無人に航行するのはけしからん」などと述べている人がいるが、何かあれば必ず自衛隊が悪者扱いされるので、わが国の中で一番遠慮して航行しているのは自衛艦であるという実態を知ってもらいたい。

雫石の民間機と航空自衛隊の戦闘機との衝突事故の時も、「本当に自衛隊さえなければこのような事故が起きなかったのに」とテレビで述べていた人がいたが、船の衝突といい航空機の衝突といい、「自衛隊はわれわれの税金で食わせてやっているもの」で、「国家、国民を守る存在・財産」としての認識は少ない。

日ごろから賤民扱いされている組織と、日ごろから兵隊さん有り難うと言われ尊敬されている軍隊が戦った場合、どちらが強いかは読者の判断にお任せしたい。

(二) その第二は「名誉と信頼」である。これには、外国であれば当然軍隊が行う名誉ある任務を、わが国では自衛隊以外の組織が行っていることがある。

例えば、王宮(皇居)の警護であるが、外国では王宮の警護は軍隊の任務である。王宮は国民にとって極めて大切な存在であるので、その国における最も信頼があり、最も強い者にその責任を負わせるとともに名誉を与えている。

イギリスの王宮を警護する衛兵の交代をテレビとか新聞・雑誌で見た読者も多いと思うが、議会制民主主義の手本と称するイギリスにおいて然りであり、軍隊が王宮を警護したからと言って軍国主義になるわけではない。しかし、わが国では敗戦後軍隊が解体され、皇居を警護できる組織が一時期警察のみになったことに起因しているとはいえ、自衛隊がノータッチである。つまり、自衛隊は軍隊並みの名誉が与えられていない。

以上軍隊と自衛隊の相違について述べたが、防衛予算を増大して近代兵器を装備しても、これを操作して敵弾の中、命をかけて戦うのは人すなわち自衛官である。わが国ではこの尊い任務を徴兵によって与えれば苦役というが、外国ではこの任務にあたる軍人には徴兵、志願を問わず、高い地位と名誉を与え尊敬している。自衛隊及び自衛官の今のような位置付では、若い人は入隊しなくなり、自衛隊はやがて消滅するであろう。自衛官になるのは特殊な人ではなく、読者または読者の子弟である。

このようなことから大変心配であり、あえてペンをとった次第である》

なお、同誌には、退官後の平成九年春季号に『社会党死して「反日教科書」残す』、平成十四年十月発行号に『主権を放棄する「国立追悼施設」構想』、平成十七年十月発行号に『取り戻そう失った国益』を掲載して頂いております。

第五節　ＦＡ

(一) 学校は、教育とは直接関係のない制度を設けました。ＦＡ(フレッシュマン、アドバイザー)です。ＦＡとは、訓練部の教官ではなく、教務部の教官から希望者を集め、教官一人が一学年学生五人を家庭的雰囲気で面倒を見る制度です。官舎や自宅に招き、家庭的雰囲気の中で食事をしたり、海岸に連れて行き、一緒に泳いだりします。

訓練部の教官が行えば『訓練』になってしまいますが、教務部の教官は自衛官であっても一佐とか二佐で親の年齢です。費用は勿論教官の自腹です。公的な組織ではなく、私的な組織です。つまり、ＦＡになるか、ならないか、自由です。

(二) 平成二年四月十八日、早速教官室に五人来ました。一人はタイ王国の留学生で昨年十月に来日したばかり日本語が上手、来週日曜日、迎えに行くからと昼食に誘いました。全員嬉しそう。二十二日一一五〇頃、官舎に来ました。妻を前にした家庭的雰囲気に安堵したのか自由に発言します。たとえば、「手当をためて親に送りたい」とか「父は死亡、母一人、子一人」とか「九州大学の工学部に合格したが、父が高齢で学費が続かない可能性があり防大にきた。将来は大学院に行きたい」などです。
(三)平成三年となり、相手が変わり。四月二十一日はタイ王国留学生含め四人を官舎に招き、夕食をご馳走しました。
六月二十三日は一〇四〇から一七〇〇、学生五人と海辺でバーベキュー、彼らに朝、何を食べたかを聞くと、留学生を含め三人は朝食抜き、一人はパン一個、一人はパン二個、この学生は食べた後、バーベキューだったこと思い出し、しまったと言いました。
(四)FAではなく、防衛ゼミなどの四学年、中には他大学の学生を連れて遊びに来ました。
たとえば、平成三年十月二十七日一八〇〇頃、四学年六人が来ました。六人とも現在、現役で活躍中です。未成年ではありませんから大いに酒を飲み大食いします。日記を見ますと、この日は、ボトル二本、ビール大瓶八本、刺身、肉二キロ、焼きそば十二人分などです。

帰校時刻が迫り妻が私有車で防大まで送ります、六人ですから二回に分けます、帰校はジャンケンで負けた方が先、勝った方が後です。少しでも長く官舎に留まって飲んだり食べたり喋ったりしていたいのです。この気持ちは一学年も四学年も同じです。

ちなみに、私が一学年の時、暑中休暇を終え、国電の横須賀駅に着きますと、同県人の三学年学生と一緒になりました。私は先輩に「朝から晩まで、時間に拘束されるところに、戻って来たくなかったです」と言いますと、先輩は「休暇を終えて帰りたくない気持ちは、三学年になっても同じだ」と聞き、少し安心しました。

第十九章　陸上自衛隊武器学校・副校長

第一節　防大・定年は不可

私は防大教授に三年勤務して定年（平成五年八月一日）まで一年余となった平成四年三月四日、武器学校副校長への転勤の内々示がありました。西部方面総監の重松陸将は、武器学校副校長よりも格上の西部方面隊のあるポストを推薦されたようですが、西部方面総監部の複数の主要幕僚の言によれば、内局人事局の横やりで、実現しなかったとのこと、『ディフェンス』が原因でした。四月二日武器学校長に着任の申告をしました。

なお、私の離任直前に幹事の交代があり、宇野陸将は中部方面総監に転出、三月十三日離任式、同日二二〇〇過ぎ、松浦一佐から電話があり「宇野幹事が飲みに来ないか言ってきているが」と言う、私は「入浴後であり遠慮する」と言うと、松浦一佐は「風邪気味とでも言っておく」と言いました。何故、夜中に松浦君を通じて言ってくるのかと思いました。

三月十七日に青戸秀也新幹事の着任式がありました。青戸陸将は宇野陸将と防大同期、陸幕編成班では私の先輩班員であり、青戸さんは「君がいなくなり、話し相手がいなくなり残念」（三月十三日の電話）と言いました。

私は強力に定年まで防大勤務を要望しましたが、防大での定年は認められませんでした。一年余とは勤務する方も受け入れる方も大変です。このような理由で内局に敵視されている私が武器職種であるが故、武器学校に押し付けたのでしょう。

自衛官が通常転勤の挨拶状を出しますと、返事は「ご栄転オメデトウ」ですが、「ご栄転オメデトウ」の文字はなく、中には「何故、君が武器学校副校長なのか」と慰めてくれるものもありました。

第二節　自衛隊、特に学校等機関には「副」不要

帝國陸軍では師団にも連隊にも「副」はいませんでした。師団長が戦死すれば、新師団長が着任するまで師団の中の先任の連隊長が、連隊長が戦死すれば新連隊長が着任するまで連隊の中の先任の大隊長が指揮を執りました。理由は「正」と「副」がおれば、個性が強い者が「副」に就けば「どちらが指揮官か分からない事態が生じることがあり、混乱するからです。

企業のように、機能が明確に分かれている場合は、○○担当の「副」、●●担当の「副」、

△△担当の「副」は当然必要です。が、自衛隊の場合は、通常「正」も「副」も、同じ幹部候補生学校やCGSで学び、企業でいえば担当が同じだから全く不要です。
私が副校長に着任して間もなくの七月の中頃、武器学校の副校長を務めたことがある先輩が来校し「私の経験から言えば『副』は不要、私が学校の指揮を執ったのは、校長死亡時、弔辞を読んだだけで、直ちに新校長、それも武器職種ではない、同期生が任命された」と言いました。私は「最後まで防大に勤務したいと要望しましたが、無理矢理に希望がかなえられず転勤させられました」と応じました。

とにかく、「校長の邪魔をしない」が「副校長の任務です」。

第二節　出版断念

私は防大教授の時発表した著書『国を想い　国を憂う』や「防衛コミュニケーション誌『ディフェンス』で発表した論説『軍隊と自衛隊』を充実させた論文を書き、出版したいと校長に伝え、陸幕の服務班長に伝えますと大問題となりました．この件に関する一連の出来事を時系列に従って述べます（当時の日記から抜粋）。

●（平成五年一月三十一日）
私が着任し一年近く経った頃から、私の前職が防大教授、著書『国を想い　国を憂う』、論説『軍隊と自衛隊』などの発表者であると知った団体などから講演の依頼が来るようになりました。

その一つに、県印刷工業組合での講演です。講演後の会食で自民党の狩野安氏（参議院議員）、額賀福志郎氏（衆議院議員）が参加され、狩野議員は「昨年のこの会には主人が参加しました。主人は本日の講師の柿谷先生のご著書（防大教授の時出版した『国を想い国を憂う』）を読んで感激しました。そして、お便りしたら返事も来ました。……私も読んで感激しました」とご挨拶され、常陽新聞（平成五年二月二日付）が「講演する陸上自衛隊武器学校副校長の柿谷勲夫氏」との写真入りで次のように紹介しました。

《県印刷工業組合（雨森進理事長）では、一月三十一日午後二時から土浦市川口二丁目の土浦京成ホテルで新年理事会を開催、今年度の事業計画や人材確保権《ママ》進事業などについて協議、四時からは、陸上自衛隊武器学校副校長・防衛大学教授の柿谷勲夫一等陸佐を講師に講演会を行った。柿谷氏は「わが国の防衛の現状について」を演題に、防衛費に占める人件費のウェートの高さや防衛上の問題点などについて約一時間半講演した。

この後、来賓の額賀福志郎衆議院議員、狩野安参議院議員や関連企業代表者らを交え懇親会を開き、あいさつに立った雨森理事長は「不況が続き暗い話題ばかりだが、暗雲を吹き払って飛躍の年にしたい」と述べた。乾杯後祝宴に入り互いの交友を深め合った》

額賀議員は自民党の国防部会の会員とかで、著書を希望されましたので差し上げました。この話は私の新しい著書出版の発端の一つだったかも知れません。

●（二月二十三日）

陸幕服務班長から著書出版に関して「陸幕副長への説明はＯＫ」との電話があり、この件を○○三尉を通じ××場の校長に報告。

一九二〇頃校長から「内局説明はいつ。服務班長から電話があった時刻は」との電話がありました。

●（二月二十五日）

校長が私に「著書出版しない方が良いのではないか。陸幕人事に聞いてよいか」と言われ、私は「結構です」と述べました。

●（二月二十六日）

陸幕服務班長から「先日の校長の件、了解（内局に聞いてみる）」との電話あり。

●（三月三日）

校長が私に「貴原稿、陸幕は内局が問題にするが故、出版を控えて欲しい」、私は「どこが問題なのか言ってもらいたい」と述べました。

私は陸幕勤務のかつての部下を通じて、陸幕服務班長の意見を聞くと「陸幕の××一佐が内局に関する記述のみを持って来たので、問題だと言った」

●（三月四日）

私は校長に「陸幕が止めろと言うのであれば、誰が、どの部分がいけないと言っているのか、指摘してもらいたい。××一佐が云々することではない」「懲戒免職でないなら出版する。前作『国を想い　国を憂う』も重松防大幹事（当時）には訓戒や注意処分なら良いと言って出版しました」と言いました。これに対して校長は無言でした。

●（三月九日）

武器学校の戦術科長が私に「陸幕武器課の某班員から副校長の第二作、絶対出版すべきとの電話がありました」と言いました。

●（三月十日）

私は来校した陸幕武器・化学課長に「自分の著書は本来、校長の承認があればＯＫのはず、これを陸幕の指導で止めるなら、それなりの理由を言ってもらいたい」と言いますと、課長は「陸幕は現在、自衛官は積極的にテレビに出演したり、出版したり、すべしとの考えであるので、著書については現在、広報で検討している」と述べました。

この日は一八〇〇頃から「ライオンズクラブ」（女性約十人を含む約四十人）の人たちと会食し、会食後約一時間講話しました。

●（三月十一日）

土浦・阿見の合同ライオンズクラブから、十九日（金）に講演をして欲しいとの依頼があり「ＯＫ」しました。

●（三月十二日）

親しくしている同期生から「校長が自身の陸将昇任を気にしているのであれば昇任後出版したらどうか」との電話あり。

●（三月十五日）

防大教授（元陸将補。現文官）から「出版は校長の腹一つ、陸幕の態度は憲法違反である」との電話がありました。

●（三月十七日）

××一佐が言う「原稿は広報室長が読み、彼が言うには中々面白い、但し、これを出版すると内局は人事処置で対抗するであろう。たとえば、陸幕長は統幕議長になれない」、私は「自分を処分してはどうか」と言うと、「それは服務班長もできないと言っている」

●（三月十八日）

私は親友の防大教授（防大卒の文官）に電話して、昨日の広報室の意見を言うと、彼は「退官後、この経緯を全て書いたらいい」と言う。

●（三月十九日）
私は校長に「著書出版は当分静観する。原稿を返してもらいたい」「退官後、防衛産業等に就職すれば、自由な執筆活動はできないので、再就職しない」と言いました。

土浦市・阿見町の合同ライオンズクラブに対して一九一五頃から約一時間講演しました。

●（三月二十三日）
私は校長に「出版は定年後とする。原稿を早急に返してもらいたい。著作権を侵害しないように」と言いますと、校長は「悪いなぁ」と言い、ほっとした様子でした。

元防大幹事の西部方面総監から東部方面総監となった重松陸将に電話し「陸幕班長の言によれば、これを出版すれば、陸幕長は統幕議長になれず、校長は陸将になれないから出版しないで欲しいと言う。では自分を処分したらと言うと、注意処分もできない内容と言う、陸幕長が統幕議長になれないのは関係がないが、校長が陸将になれないのは ツライ」と言いますと、陸将は「それは理由にならない理由、しかし、校長が陸将になれないのはツライ、先日岡さんが来て、立派な内容だから出した方が良いと言っていた」と言いました。

●（五月六日）

東郷神社・水交会で一八五〇から二一〇〇「軍隊と自衛隊」について講義と討論をする。

●（五月十日）

所要で陸幕に赴いたついでにCGS同期であり、陸幕の班長時代上司の課長だった幕僚副長を訪れました。その際、副長と私の間で次のような会話がありました。

副長は「第二作はできたか」、私は「できましたが、発表は退官後を予定しています」、副長は「何故、現役中に発表しないのか」、私は「校長を通じて陸幕に提出しますと現役中に出版してはならないと言ってきました」。が、副長とのやり取りでは副長は承知していないようす、副長の前で止まっている、副長は「そのようなことをしていたから陸自は良くならないのだ」と言いました。

この件で陸幕班長に「一体全体どうなっているのか、陸幕は信用できない」と言いました。

●（五月二十七日）

元校長の某氏が来校し「何故、防衛産業に行かないのか」と言う。

●（七月二十八日）

近郊の町村長に退官の挨拶、この際、茎崎町長は拙著『国を想い　国を憂う』を二十冊増刷して配布したと言われ、餞別と牛久ワインセットを戴く。

●（七月三十日）

○八三〇、武器学校校庭で退官式、退官の挨拶をした後、隊員の見送りを受け、昭和三十三年防大入校以来、三十五年の自衛隊勤務を終える。

●（八月二日）

一七一〇武器学校の迎えの車で、武器学校に向かい、一七三〇頃から一九〇〇頃まで「送別会」、研究部長車で帰宅。

第二編　退官後

第一章　再就職辞退

自衛隊では、一佐に一定年数在任すると退官時、陸将補に昇任します。これを特別昇任（俗称・定年将補）と言います。が、退官は定年年齢前に退官させます。私の場合、一佐在任は特別昇任期間を満たしていました。普通であれば十一月三日が定年日ですが、八月一日が定期異動の時期であり、八月一日が退官日です。

退官後、執筆と講演活動に専念するため、防衛産業を含め一切何処にも就職せず、叙勲も辞退し、現在に至っています。最近、雑誌『正論』の元編集長からそれが柿谷さんの「勲章」だと言われました。

私は自衛隊を退官して今年の八月で三十一年、支那事変が始まった翌年の昭和十三年生まれ、昨年の十一月三日（明治節）八十五歳を迎えました。

第二章　念願達成

①既述しましたように、防大教授時代、防大弁論部が主催した弁論大会の審査員を依頼され、この時産経新聞論説委員・岡芳輝氏も審査員でした。以来、懇意にして頂いている岡氏に原稿を改めて詳しく見て戴きました。

岡氏は「柿谷さん、この本は我々の虎の巻、目から鱗が落ちる、是非出版すべきです。この本を誰に読んでもらいたいのですか」と言われたので、「一般国民です」と答えました。

岡さんは「使われている用語が業界用語（軍隊で使う言葉）、私が入社した頃、書いた文章を母親に読んでもらえ、母親から意味が分からないと言った箇所は書き直せと、言われたものです。ところで筆を入れていいですか」と言われたので、私は「お願いします」と答えました。

②著書は完成しましたが、無名の新人、簡単には出版に応じてくる出版社がありませんでしたが、展転社が快諾して下さり、平成六年三月十五日『自衛隊が軍隊になる日』

とのタイトルで出版して下さいました。

防衛庁内局は、この本は問題になると騒ぎましたが、この本のどの記述が問題なのか読んで見て下さい。これが「文民統制」「官僚統制」なのです。

第三章　出版祝賀会

出版九日後の平成六年三月二十四日、鶴野省三防大教授、鈴木隆郎陸上自衛隊幹部学校研究室長、森下茂生同研究員が発起人となり、現役、ＯＢ等、多数の方々（防大は、副校長以下、教授、助教授等八名、現・元自衛官は、防大同窓会長、元方面総監、元連隊長、元防衛駐在官、幹部学校副校長等、出版関係者二名等々、合計三十数名）が出版祝賀会を開いてくだされ、中尾時久防大同窓会長（元陸上自衛隊中部方面総監、元陸上幕僚副長）、中溝高好防大副校長はじめ大勢の方々から祝辞を賜りました。現在もご指導を賜っている中尾時久先輩の祝辞を紹介させて戴きます。

《話し上手な中溝高好副校長の後で祝辞をするのは、どうみても貧乏籤です。今日は「日本世界戦略フォーラム」のセミナーと懇親会に出る予定で、一ケ月前に出席の返事を出しました。ところが、十日ほど前に柿谷君からこの祝賀会のご案内を頂いたので、急遽こちらへ出てきた次第です。それは、私が防大同窓会長だからではありません。

実は、約二十年前に柿谷君が陸幕三部編成班、私が一部人事班に勤務していた時、私は着任早々「幹部自衛官年度昇任計画」の作成を命じられました。階級別・職種別の定員のデーターが必要だったので、編成班にその資料をもらいに行ったわけです・編成班に陸軍参謀本部に居たことがある長老の事務官がいました。班長より偉い神様的存在と言われていました。その人から剣もほろろに資料提出を断られてしまったのです。後から判ったのですが、人事統計隊にいけば所望のデーターは入手できたようです。その時はそれが判らず「困ったなあ」と思っていたら、柿谷君がやって来て「先輩このデーターを使って下さい」と資料を持ってきてくれたのです。それ以来私はそれを恩にきています。彼は権力を笠にきる者に対し反権力的でありあの時は正義感に駆られてそう行動したのだと思います。本日こちらを優先したのは、以上の理由があったからです。

私ごとになりますが中部方面総監の時、大阪新聞に十三週連続でコラムを掲載したことがあります。大阪新聞は「正論」と同じフジ・サンケイグループに属しています。その時、色々の人からお便りを頂いたのですが、その多くは「人は見掛けによらないものだ。君にこんな文才があろうとは」という賛辞でした。

私も柿谷君に同じ賛辞を呈します。何故かというと、彼は大阪大学の修士ですし、CGSの難関を突破しているので、首から上も絶対値として優秀です。しかし、彼についてはジョギングを欠かさないしマラソンは十~二十歳若い人より早いという。輝かしい評判がたっていたので、首から上よりも首から下の方が相対的に優れていると思い込んでいました。従って、「人は見掛けによらないもの……」と思ったのです。今日から認識を改めて、首から上も素晴らしいと思うことにします。

『自衛隊が軍隊になる日』を通読しましたが、達意の文章であり、読みやすい文章です。また、扱った題材がいいですね。処遇の善し悪しや名誉に関することは、当人は仲々言い憎いのですが、関心は凄く高いわけです。また、第三者もとても興味を感じる題材です。自衛隊ＯＢは出版しても単発に終わる例が多いのですが、柿谷君は違うと思います。まず、『国を想い　国を憂う』を自費出版して威力偵察をし、大変好評で色々の人が著書から引用してくれた反応を確認してから、本書を出版されたわけですから。それに、再就職しないで文筆に専念されるそうですので、第二、第三の著書の出版を大いに期待できます。

そしたら、またここにお集まりの皆さんとこの様な宴を開いて、柿谷君とその著書を肴に、今日みたいに大いに楽しみたいものです。

私は主観的には柿谷君を褒めたつもりですが、皆さんが若し客観的には褒めていないとお感じなら、各々の心の中で主観的に彼を褒めて下さい。本日はおめでとうございます。

平成六年三月二十四日

中尾　時久

第四章　執筆と講演に専念

中尾氏が祝辞で激励して戴いたようにその後、執筆と講演に専念、以下の著書、論文を発表しました。

第一節　著書

- ●「自衛隊が軍隊になる日」（平成六年三月　展転社）
- ●「徴兵制が日本を救う」（平成十一年十月　展転社）
- ●「『孫子』で読みとく日本の近・現代」（平成二十三年十二月　私家版）
- ●「自衛隊が国軍になる日」（平成二十七年一月　展転社）
- ●「英霊に感謝し日本人の誇りを取り戻そう」（令和三年一月　私家版）
- ●「皆で守ろう、我らの祖国」（令和四年十月　展転社）
- ●「脅威を目前にした元自衛官の叫び」（令和五年四月　私家版）

第二節　論文（雑誌、新聞等）

「靖國」

●「御親拝の実現と防大生の行軍参拝の継続を」（令和三年十一月号）

「正論」

●「任官辞退があってちょうどいい自衛官のポスト」（平成六年三月号）

●「〝名誉〟なき軍隊」（平成六年六月号）

●「日本海軍は本当にリベラルだったか」（平成六年九月号）

●「満州事変は侵略ではない」（平成七年二月号）

●「社会党の『謝罪・不戦決議』宣伝文は日本人の作成したものか」（平成七年七月号）

●「ついに賠償を口にし始めた中国」（平成七年十二月号）

●「歴史観の統一は不可能を証明する韓国・中国の教科書」（平成八年四月号）

●「オリンピックの敗因」（平成八年十月号）

●「終わりなき中国の『戦後処理』要求」（平成九年二月号）

●「どこまで続く中国の賠償と謝罪要求」（平成九年十二月号）

●「反体制論者も有難がる勲一等への道」（平成十年三月号）
●「対人地雷は『悪魔の兵器』か」（平成十年六月号）
●「もっと始末の悪い『中国の核』を撃て！」（平成十年八月号）
●「総選挙の洗礼を欠いた『平成の宰相たち』と歴史認識」（平成十年十月号）
●「朝日新聞よ、新たな『中国人大虐殺』をでっちあげるな」（平成十年十二月号）
●「勲一等の副大臣制なんぞ蹴っ飛ばせ」（平成十一年三月号）
●「『長銀のドン』たちは勲一等を返還せよ」（平成十一年九月号）
●「朝日新聞よ、言葉を勝手に改ざんするな」（平成十二年十一月号）
●「名誉なき自衛官の〝派兵〟」（平成十三年十二月号）
●「田英夫氏に勲一等旭日大綬章の不思議」（平成十四年二月号）
●「勲章を出しっ放しにする無責任国家」（平成十四年三月号）
●「ＮＨＫは日本『再』放送協会か」（『総合』『教育』両チャンネル合わせて一日十八時間が再放送！）（平成十四年五月号）
●「〝永久保存版〟『媚朝』家たちの北朝鮮礼賛・

迎合発言集」（平成十四年十二月号）

●「石原都知事『戦争発言』に歓喜雀躍した朝日新聞—石原発言の本質を曲解するな」（平成十五年一月号）

●「投書欄を使った朝日新聞『北朝鮮擁護』の執念」（平成十五年五月号）

●「軍事オンチの戦争報道と朝日新聞の反米報道」（平成十五年六月号）

●「政界を牛耳った野中広務猛語録」（平成十五年十一月号）

●「自衛隊がイラクに行かなかったらどうなるか」（平成十六年二月号）

●「小泉発言と日教組の抗議と朝日新聞投書欄」（平成十六年四月号）

●「『本当に若者は年金で損をしているのか』と投稿した学生と政治家の差」（平成十六年七月号）

●「二〇三高地はなぜ必要だったか」（平成十六年十二月臨時増刊号）

●「敗戦の要因は司令塔なき戦争指導」（平成十七年九月臨時増刊号）

●「《インタービュー》中国の武装解除は整然と行われた」（平成十八年九月号）

●「歴史の証言　防大生が見た五十年前の安保騒動」（平成二十二年七月号）

●「校長と防衛相の防大潰しが始まった」（平成二十三年九月号）

●「自分しか愛せない五百旗頭前防大校長」（平成二十四年六月号）

●「日本よ、中国大陸から撤退せよ」（平成二十五年二月号）

●「『国防軍』は百利あって一害なし」（平成二十五年　五月号）

●「イージス艦衝突事故　当直士官の敵は防衛省だった？」（平成二十五年九月号）

●「安保『進展』でも変わらぬ自衛官軽視という病」（平成二十六年　七月号）

●「左翼マスコミはなぜ『虐殺』を創るのか、中国のいいなりで日本側記録検証せず」（平成二十八年三月二十二日）

●「日本は北朝鮮と戦わないのか　陸自ＯＢ座談会　自衛隊隠しきれない真実
元防衛相中谷元×軍事評論家柿谷勲夫×元陸上幕僚長火箱芳文」（平成二十九年十月号）

●「中曾根元総理のどこが『大勲位』なのか！」「諸君！」（平成九年七月号）

●「外務・大蔵の処分だけナゼ大甘か」（平成九年九月号）

「ThIS IS 読売」

●「●ペルー人質救出 国民守れぬ お題目の『平和』」（平成九年六月号）

「WiLL」

●「軍の尻を叩いた朝日新聞」（平成二十一年二月号）

●「防大生任官拒否は何故、急増したか」（平成二十一年六月号）

●「鳩山内閣閣僚の国家意識を総点検」（平成二十二年一月号）

●「中国の最終目標は『日本自治区』」（平成二十二年十一月号増刊）

●「自衛隊の私兵化を目論む民主政権」（平成二十三年四月号）

●「秘密保護法反対、朝日の狂乱」（平成二十六年三月号）

●「広島土石流報道の自衛隊隠し」（平成二十六年十一月号）

●「自衛隊二佐に問う『クラマスワミ』との昼食は『光栄』ですか」（平成二十七年八月号）

●「ちゃんちゃらおかしい朝日の『自衛官同情論』」（平成二十七年十月号）

●「兵役を蔑み拒否する国は亡びる」（平成二十七年十二月号）

「Hanada」

●「憲法『自衛隊』明記は改悪だ」（平成二十九年七月号）

●「九条加憲より『国軍法』制定を」（平成三十年一月号）
●「防衛大臣失格の石破茂に総理の資格ありや」（平成三十年十月号）
●「陛下、靖國神社へ御親拝を」（平成三十一年四月号）

「産経新聞」

☆投稿「談話室」
●「大臣に民間人多数の起用を」（平成五年九月十三日）

☆投稿「アピール」
●「なぜ今英捕虜補償を要求か」（平成五年九月二十日）
●「学徒兵たちは祖国のために」（平成五年十月二十四日）
●「軍隊経験者がいるのは当然」（平成五年十一月二十七日）
●「駐中国大使の召還も視野に」（平成十四年五月十一日）
●「国債の格下げは天与の好機」（平成十四年六月六日）
●「日本人は『勇気』を失ったのか」（平成五年十二月十八日）
●「選挙制度固定化は腐敗の温床」（平成六年一月三日）
●「お年玉切手　いまのままで使用可能に」（平成六年二月四日）

●「『常任理入り』軍事貢献は当然」（平成六年九月五日）
●「『文化勲章辞退』を考える」（平成六年十月二十日）
●「中国への円借款の必要性に疑問」（平成六年十一月二十四日）
●「米の対日戦勝式典は侮辱行為」（平成七年一月十一日）
●「憲法の理解ない田中長官の裁判批判」（平成七年二月二十六日）
●「NPT延長　核保有国に完全保証求めよ」（平成七年四月十八日）
●「都民不安にする青島知事の自衛隊論」（平成七年五月十六日）
●「国会決議　自民の譲歩　国益失う背信行為」（平成七年六月八日）
●「全日空機ハイジャック
政治家の無責任が犯罪を招く」（平成七年六月二十三日）
●「『内閣不信任』と解釈すべき」（平成七年七月二十六日）
●「自衛隊訓練　銃携行制限は士気低下を招く」（平成七年十月八日）
●「従軍慰安婦一時金基金の実態」（平成八年六月三日）
●「露大統領就任式は欠席すべき」（平成八年七月二十六日）
●「文相は早急に教科書再検定を」（平成八年八月十六日）
●「『沖縄基地縮小』軽々に唱えるな」（平成八年九月十六日）

●「領土問題、国は毅然たる態度で」（平成八年十月三日）
●「自民の『村山談話』基本は公約違反」（平成八年十一月四日）
●「国籍条項撤廃は自治相の専権か」（平成八年十二月四日）
●「重油流出、露に外務省弱腰」（平成九年一月十四日）
●「無責任な池田外相の辞任撤回」（平成九年六月二十三日）
●「士気にかかわる防衛副長官の発言」（平成十三年四月十三日）
●「首相の靖国参拝も構造改革の一環」（平成十三年七月二十五日）
●「本質を見失った田中前外相礼賛」（平成十四年二月二十八日）
●「国の『無責任体制』を暴いた拉致事件」（平成十四年九月二十日）
●「責任感ある防衛庁長官の発言」（平成十五年四月八日）
●「課長の詫びで済まない『拉致』対応」（平成十五年五月二十三日）
●「普通の国目指して、今こそ『派兵』を」（平成十五年九月二日）
●「自衛隊イラク派遣、躊躇許されぬ」（平成十五年十一月二十八日）
●「郵政法案の参院採決後に信問え」（平成十七年七月十二日）
●「米国頼りの北ミサイル攻撃抑止」（平成十八年七月十三日）
●「防衛省を看板替えに終わらさせるな」（平成十八年十二月二十四日）

☆投稿「夕刊コラム」
●「『戦勝切手』の日米比較」（平成六年十二月十四日）
☆担当執筆・「斜断機」
●「自衛隊員の人権は？」（平成十一年三月十三日）
●「専守防衛からの決別を」（平成十一年四月十七日）
●「新聞は事実を公正に報道を」（平成十一年五月九日）
●「教育の権利奪う東大・京大」（平成十一年五月三十日）
●「トキの誕生と日中友好」（平成十一年六月十二日）
●「自衛艦隊に賞状の怪」（平成十一年七月十一日）
●「自衛隊不祥事は軽視のつけ？」（平成十一年八月八日）
●「占領軍の催眠術から覚めよ」（平成十一年九月四日）
●「北の脅威は米国の国益」（平成十一年九月二十七日）
●「見出しにみる〝民族逆差別〟」（平成十一年十月九日）
●「国民の安全に責任を」（平成十一年十一月二十九日）
●「石川好氏に反論する」（平成十一年十二月十八日）
●「叙勲制度にみる逆転の発想」（平成十二年一月十六日）

●「徴兵制と男女平等の相克」（平成十二年一月三十一日）
●「うそつきの少ない日本」（平成十二年二月二十八日）
●「上が上だから下も下」（平成十二年三月十二日）
●「北朝鮮の侵略隠す朝日新聞」（平成十二年四月二十四日）
●「諸悪の根源は占領憲法」（平成十二年五月二十二日）
●「南北共存〝女神〟としての米軍」（平成十二年七月十五日）
●「世襲議員は辞職を」（平成十二年八月二十日）
●「中曽根氏は英霊に謝罪すべき」（平成十二年十月二日）
●「羨む相手を恥と罵る男」（平成十二年十一月六日）
●「不適格を暴露した加藤氏に感謝」（平成十二年十二月十七日）
●「政府は日中共同声明の再確認を」（平成十三年一月二十二日）
●「危機管理非難の危機管理潰し」（平成十三年二月二十四日）

「朝日新聞」

●「論壇」・「綱紀粛正のため蔵相は辞任せよ」（平成七年九月十九日）
●「私の視点」・「高官の責任　大臣・大使にこそ厳罰必要」（平成十四年八月五日）

「ディフェンス」

●「社会党死して『反日教科書』残す━社党宣伝文と中学校教科書の類似性━」（平成九年春季号）

●「主権を放棄する『国立追悼施設』構想」（平成十四年十月号）

●「取り戻そう失なった国益」（平成十七年十月号）

「日本及び日本人」

●「核国家に囲まれる日本『政治家どもの観念的平和論は国を誤る。現実直視の上に立ち、勇気ある理性的対処が国防の要件であると知りたい』」（平成六年爽秋号）

「ゼンボウ」

●「村山内閣防衛政策への疑義と提言」（平成六年十月号）

●「外務省の怠慢・外務省あって国家なし」大東亜戦争と日本の外交（平成七年四月号）

「日本の息吹」

●「防衛庁の昇格論議に思う」（平成九年十一月号）

●「終わりなき『歴史認識』の強要」（平成十年十二月号）

「明日への選択」

●「日本は化学砲弾を『遺棄』していない」（平成九年二月号）

「祖國と青年」

●「戦わずして屈した『新防衛計画』」
これでは国は守れない‼（平成八年二月号）

●「主役（自衛隊）を無視する『日米安保共同宣言』」（平成八年六月号）

●「国防意識欠如の政治家が歪めた沖縄問題
忘れ去られた日本政府の『沖縄への配慮』」（平成八年十二月号）

●「総括　ペルー日本大使公邸占拠事件」
人質解放後の日本政府の対応を検証する（平成九年六月号）

●「中国に魂を奪われた外務省と政治家
旧日本軍の化学砲弾は日本のものではない」（平成九年八月号）

「立正」

●「大江氏の文化勲章辞退に異議あり　独善的発言を繰り返す『戦後民主主義者』の許されない発言と授与基準」（平成六年十一月号）

●「国益放棄の橋本訪中　日本には中国大陸の化学砲弾の処理責任はない」

●「栄典制度改革と大勲位」（平成九年十月号）（平成十二年九月号）

「改革者」

●「防衛計画大綱の見直し―問題点と提言」（平成七年十月号）

●「しらじらしい日教組のいじめ問題研究集会」（平成八年七月号）

●「政権構想侃々諤々　謝罪外交と決別する政権を望む」（平成八年十一月号）

「修親」

●「自主憲法制定が自立の道」（平成十五年六月号）

「エネルギーフォーラム」

●「『媚朝家』たちの小泉攻撃は厚顔無恥」（平成十五年八月号）

●「外国の侵攻や凶悪な犯行を『傍観』する国からの転換を」（平成十八年十一月号）

「動向」

●「米朝合意と各国の利害」（平成六年十二月号）

●「『バターン死の行進』の真相」（平成七年五月号）

●「自民党敗北の原因と再生への道」（平成七年九月号）

●「侮りを招く自衛官蔑視」（平成八年五月号）
●「山口・元総務庁長官は勲章を返還し、議員を辞職せよ」（平成八年盛夏号）
●「教育がもたらした国防問題」（平成九年新春号）
●「国を滅ぼす最高裁判事―占領憲法の改正が急務」（平成九年五月号）
●「国籍条項撤廃は外国人による日本征服」（平成九年盛夏号）
●「橋本首相の訪中を『国辱の日』として語り伝えよ」（平成九年十一月号）

「不二」
●「靖国参拝の思ひ出と首相の不参拝」（平成九年二月号）

「文武新論」
●「大東亜戦争は侵略戦争か」（平成五年十一月十日）
●「大将（永野法相・元陸将）の醜態『南京大虐殺はでっち上げ』発言、陳謝、撤回自衛官の威信更に低下」（平成六年六月十日）

「月曜評論」
●（『国際連盟総会報告書』から見た『満州事変』の検証）（平成七年八月十五日）
●「生存者叙勲の基準・制度の見直しを」（平成七年十二月十五日）

●（『少数精鋭』論のまやかし陸自隊員の士気無視した
軍縮『新大綱』」　（平成八年二月五日）
●「高知県の『国籍条項撤廃』は国家主権の放棄」　（平成八年五月五日）
●「―亡国元年―川崎市の国籍条項の撤廃」　（平成八年六月五日）
●「自衛隊指定席　自衛官は政治家の私物ではない」　（平成八年六月十五日）
●「聞き飽きた、口先だけの『有事法制』
（上）有事法制検討の経緯」　（平成八年七月十五日）
●「聞き飽きた、口先だけの『有事法制』
（下）現行法の問題点は何か」　（平成八年八月五日）
●「絶大な役人の権限　厚生省課長逮捕・政治家の責任と
国籍条項撤廃の問題点」　（平成八年十月二十五日）
●「厚生省不祥事に見る閣内不一致
大臣の資質が疑われる小泉厚相」　（平成八年十二月五日）
●「自衛隊指定席　内局は統帥権を弄ぶな」　（平成九年二月二十五日）
●「『臣下の礼』、慰安婦談話謝罪、
そしてロシアへの無為無策等々」　（平成九年三月五日）

●「国籍条項撤廃は国家破壊の前兆」（平成九年四月五日）
●「傲慢不遜　青木前大使の勲章拝受」（平成九年六月十五日）
●「自衛隊指定席　中国大陸の化学砲弾は中国のもの」（平成九年五月二十五日）

「時事評論石川」

●「亡国の『謝罪・不戦決議』国益を放棄する国会議員
侵略を認める愚行　自衛権の放棄も宣言」（平成七年三月二十日）
●「中国の脅威を無視した
『防衛計画の大綱』は国を滅ぼす」（平成七年十一月二十日）
●「目を覆う社民、大蔵、外務の勲章支配」（平成八年五月二十日）
●「地方自治体の国籍条項撤廃の問題点」（平成八年九月二十日）
●「内局よ、自衛官の活躍・登用を妬む勿れ」（平成九年三月二十日）
●「政府は国民の人権を守れ
—法務省の少年法改正反対表明は越権行為—」（平成九年九月二十日）

「鶯乃声」

●「失われた国防意識」（平成十二年十二月号）

「世界と日本」

●「法匪的防衛論を排す」（平成九年版）

以上の他にも論説があり著書、論文数は二百を超え、講演も約百回あります。私のことを「自衛隊では『損』をした」と言う人がいますが、「人生全般では言うべきことを言い『得』をした」と思っています。

その先鞭を付けて下さいました産経新聞論説委員の岡芳輝先生、展転社会長（当時の社長）の相澤宏明先生、『正論』編集長の大島信三先生、『Ｗ・ｉＬＬ』・『Ｈａｎａｄａ』編集長の花田紀凱先生に感謝します。

なによりも防大研修生以来の親友・防大名誉教授の鵜野省三氏に感謝申し上げます。

又人生の伴侶・妻涼子に感謝します。

おわりに

（一）殉職自衛官に栄誉と尊敬を

わが国では少子化、物価高などが叫ばれています。が、最も重要なこと、中国、ロシア、北朝鮮による軍事侵略から国を守り、国家を存続させることに真剣でありません。その代表的な出来事に無関心です。

陸上自衛隊の多用途ヘリコプター「ＵＨ60ＪＡ」が令和五年四月六日夕、沖縄県・宮古島周辺の洋上で消息を絶ちました。搭乗していたのは、九州南部の防衛警備を担当する第八師団の師団長、司令部幕僚長ら幹部自衛官八名を含む十名です。

師団長は統合幕僚監部防衛班長、陸上総隊運用部長などを歴任して三月末に着任、幕僚長は三月三十日に着任、師団長、幕僚長ともに中国の脅威に備えての人選でした。それ故、新たに任命された第八師団首脳部は防衛範囲の全般を確認する必要があり、危険を顧みず、超低空からの視認を急いだものと思われます。

この件について森下泰臣陸上幕僚長は六日夕、緊急記者会見を開き、「国民の皆様にご迷惑とご心配をおかけし、申し訳ございません」（七日付読売新聞）と陳謝し、冒頭四秒間頭を下げました（同）。誰に迷惑をかけ、誰に申し訳がないのでしょうか、誰に対して頭を下げたのでしょうか。師団長以下の自衛官、その遺族は何と聞いたでしょうか。また、読売新聞は社説（五月十三日付）で「護衛艦事故」「希薄な安全意識に愕然とする」との見出しを掲げて、海上自衛隊の護衛艦「いなずま」が浅瀬に乗り上げ、航行不能になった事故を非難した後、次のように結んでいる。

《四月には陸上自衛隊でも、沖縄県・宮古島周辺を飛行中のヘリコプターが消息を絶ち、海底で見つかる事故が起きた。乗っていた隊員十人のうち六人が死亡し、四人は行方不明となっている。

事故機が所属する第八師団は、有事の際には緊急展開することが想定されている。重要な任務を負った部隊のヘリが、好天の白昼に事故を起こした衝撃は大きい。

引き揚げられた機体は、原型をとどめないほど破損していたが、飛行姿勢や高度を記録する「フライトレコーダー」が回収された。陸自は墜落原因の究明に向けて、解析を急いでほしい》

既述しましたが、師団長以下が命を懸けて任務遂行中、殉職したことに対する哀悼の表明が一言あって然るべきであろう、これでは自衛官はやっていけない。

私はこの事故に接し、子供の頃母から聞いた佐久間勉海軍大尉の話を思い出しました。佐久間大尉に関し、伊藤正徳氏は著書『大海軍を想う』（昭和三十五年、十二版文藝春秋新社）

で次のように述べています。

《その第六号艇は、佐久間艇長の殉死と共に我が潜水艦史に不滅の名を残した。佐久間艇長の死は、アメリカの有名な軍事評論家ハンソン・ポールドウィン氏の近著「海戦と海難」の中に、「第六号艇。一九一〇年」という一章を設けて特掲されている。章中で、ポールドウィン氏は佐久間大尉の有名なる遺書の全文を紹介し、最後に、

「佐久間の死は古い日本の厳粛なる道徳——サムライの道、または武士道——を代表した。星霜移り日本は西洋思想によって近代化され、また戦敗れて米軍の占領行政に感化を受けたけれども、しかも佐久間が示した武士道はなお活きて、日本人の副意識の中にその戦士の魂を残すであろう」

と結んでいる。ポールドウィンは佐久間の日記が、その海底に擱座して一切の動力が尽き、ガソリンが充満して刻々死に瀕して行く間に、苦悶の呼吸と闘いながら——五百パウンドの空気を十四人の乗組員が呼吸していた——綿々と書き続けた勇気に感動したが、更にその内容が、先ず沈没と浮揚力喪失の原因を明らかにして、艇構造の改良に資料を残し、進んで、潜水艇乗員の沈着にして勇敢なる資格条件と、現にそれが眼前に立派に発露されている情況を描き、長谷川、原山、鈴木、門田、岡田、横山、遠藤等の部下が冷静忠実に職場に立つている姿を叙してこれを国民に伝えた指揮官の心構えに感動

した。
佐久間は進んで「我等は同時に勇敢でなければならない。然らざれば我が潜水艇の進歩は望み得ない。進歩、進歩……我れ等の死は無益であってはならない」と書いて行く。ポ・ルドウィン読むに堪えず、即ち謳って言う、（英文表記省略）
「噫噫、武士道はなお燦として耀きつつあり」
と。まことに佐久間の長文の遺書は、全句悉く帝国潜水艇の現状と将来を憂うるの赤誠に終始し、最後に、天皇陛下が、いま軍人の職分を全うして死んで行く乗組員諸士の遺族に憐れみを垂れ給わんことを祈り、そうして「ガソリンに酔うた。中野大佐――十二時四十分」という文字を以て終わっている》（漢字を常用漢字に改めた）
今回の十名の犠牲は、単なる事故死ではありません。戦死に相当します。報道によれば健軍駐屯地で行われた葬送式は非公開でした。何故、非公開なのか、むしろ国葬にすべきだったのではないでしょうか。
（二）国務大臣は国民から
令和五年九月十三日、第二次岸田再改造内閣が発足しました。

憲法第六八条では「内閣総理大臣は、国務大臣を任免する。但し、その過半数は、国会議員の中から選ばなければならない」とありますが、岸田首相はこの条文を「内閣総理大臣は、国務大臣を任免する。但し、その過半数は、世襲でない国会議員の中から選ばなければならない」と読み間違えたのではないでしょうか。その理由は次に示すように大臣の多くが世襲議員です。

●岸田文雄総理大臣（66）＝父、祖父は元衆議院議員、親族に宮澤喜一元首相
●鈴木俊一財務大臣（70）＝父は鈴木善幸元首相、義兄は麻生太郎元首相
●盛山正仁文科大臣（69）＝義父は田村元《はじめ》元衆院議長
●宮下一郎農水大臣（65）＝父は宮下創平元防衛庁長官
●河野太郎デジタル（60）＝父は河野洋平元自民党総裁、祖父は元副総理
●加藤鮎子少子大臣（44）＝父は加藤紘一元自民党幹事長・元防衛庁長官
●自見英子地方大臣（47）＝父は自見庄三郎元郵政改革大臣

大相撲でいえば平幕にもなりえない横綱の息子が横綱になるようなものです。即ち日本国民全体の中から最適任者を選んでいないのです。この原因は大臣の選定の大きな要因は資質よりも当選回数、親の後を継いで若くして当選回数を稼ぐ世襲議員が極めて有利だからです。

このような中、自民党の有力派閥の裏金問題が暴露されました。五年以上前から行われていたとのことですが、五年以上も前から行われていたのであれば、政治家の少なか

らずは分からない筈はありません。今頃になって大騒ぎするのは不思議です。東京地検特捜部は一月二十六日、政治資金規正法違反容疑で告発された安倍派幹部七人らを不起訴にしました。国会議員の作った法律では起訴できないのは当然の結果です。

この原因も政治家の世襲でないでしょうか。安倍派の元会長の安倍晋三元首相、疑惑を立て直そうと言う岸田文雄首相、麻生太郎最高顧問等主要メンバーは世襲、アメリカでは民族に関係なく大統領になれます。英国の首相はインド系です。

明治時代わが国を世界の一等国にしたのは大名や家老などの子息ではなく、足軽や下級武士の出身です。

そこで提案があります。国会議員立候補を養成する機関として「国会議員研修校」を設立し、入校資格は学歴や家柄に関係なく、授業料は無料、受講手当を支給、卒業試験合格者に国会議員立候補有資格を与えます。そうすれば、立候補には世襲や金は関係なくなります。

わが国は、今のままでは北朝鮮と同じ権力の世襲国家となってしまいます。

私は今回の件とは別に大臣の選定方法を糺すべきだと思っていました。

それ故退官して無冠となった約一カ月後、産経新聞の「談話室」に「大臣に民間人多数起用を」と題して次の意見を投函、平成五年九月十三日付に掲載されました。

《政治改革の手段として選挙制度や政治資金について論議が集中している。腐敗の原因は、政治に金がかかるからだ、と政治家はいう。しかし、本当の理由は、国家国民につくすよりも、自己の権力獲得に努力を集中する政治家が少なくないからではなかろうか。腐敗がこれまで、大臣など権力あるポストに就任できる与党議員に多かったことが、それを如実に物語っている。

大臣のほとんどが国会議員であるということになると、もともと大臣の器でない人でも猟官運動に走ったり、当選回数を稼ぐことに努力を集中し、必然的に金が必要になる。

本来、三権分立の趣旨からも、立法府に属する国会議員が行政府の長である大臣を兼務するということは法律を作る立場にある議員と、法律を誠実に執行する立場にある大臣が同一人となり問題である。また、省または庁で事故が起きると国会議員である大臣は一つの権力がある大臣職を辞めても、もう一つの権力である国会議員を保持する。これでは本当の意味での責任をとったことにはならない。

大臣の過半数を国会議員とする現行の規定を改めるには、憲法の改正が必要。しかし半数ぎりぎりまで民間人を登用することは総理の決心次第である。最適任者しか大臣になれない、ということが不文律になれば、金権議員が減少し、その結果、必然的に議員の資質も向上しよう。

《元防衛大教授》

（三）防衛省の内局の廃止を

第一編（現役時代）第十章（陸上幕僚監部第三部編成班）で「自衛隊の高級幹部の人事権は大臣にあります。が、大臣は個々の自衛官を知るはずがなく、補佐を内局官僚に依存しています。これが問題なのです。自衛隊以外の組織では、高級官僚の人事権は大臣にあっても補佐するのは高級官僚です。高級幹部自衛官の人事を官僚が握っているため、私が現役の頃、見聞きしたおかしな現象の一例を述べます」と記述しました。

さらに述べれば、昭和二十五年に警察予備隊が発足して以降、任務遂行中に殉職した自衛官は二千人を超えます。

命を懸けて任務遂行に当たるのは自衛官、人事権は内局官僚、このような組織は他にありません。防衛省内局は廃止すべきです。

柿谷勲夫（かきや　いさお）

昭和 13 年、石川県加賀市生まれ。同 37 年、防衛大学校（第 6 期）卒業と同時に陸上自衛隊入隊。同 41 年、大阪大学大学院修士課程（精密機械学）修了。その後、陸上幕僚監部防衛部、幹部学校戦略教官、陸上幕僚監部教育訓練部教範・教養班長、西部方面武器隊長、防衛大学校教授などを歴任。平成 5 年 8 月、退官（陸将補）。現在、軍事評論家。主な著書に、『自衛隊が軍隊になる日』『徴兵制が日本を救う』『自衛隊が国軍になる日』『皆で守ろう、我らの祖国』（いずれも展転社）、『国を想い、国を憂う』『「孫子」で読みとく日本の近・現代』、『英霊に感謝し日本人の誇りを取り戻そう』（いずれも私家版）。

防衛庁内局から敵視された自衛官の回顧録

令和六年五月二十日　第一刷発行

著　者　柿谷　勲夫
発行人　荒岩　宏奨
発　行　展　転　社

〒101-0051 東京都千代田区神田神保町 2-46-402
TEL　〇三（五三一四）九四七〇
FAX　〇三（五三一四）九四八〇
振替〇〇一四〇―六―七九九九二

印刷製本　中央精版印刷

定価［本体＋税］はカバーに表示してあります。

ISBN978-4-88656-577-8